사계절 주말마다 떠나는

KB161542

사계절 주말마다 떠나는

걷기 좋은 산길 55

글·사진 진우석

페이퍼로드
paperroad

'신의 작품' 산길 걸으며 호젓한 자연 속으로

산길을 걷는 동안 행복했다. 약간의 먹을거리를 배낭에 메고 훌쩍 떠난 길은 자유로웠다. 산에서 돌아와 황홀했던 느낌을 글로 옮기는 일은 늘 부족했지만, 이것저것 자료를 찾으며 산을 공부할 수 있어 나름대로 즐거웠다.

산길은 호젓한 흙길이다. 몇 년 사이 걷기 열풍으로 전국적으로 걷기 코스가 우후죽순처럼 늘어나지만, 흙길을 품은 구간은 생각처럼 많지 않다. 아스팔트나 시멘트 길은 평탄하더라도 발목과 관절에 쉽게 피로를 준다. 반면 흙길은 오르내리는 굴곡이 있지만 피로는 덜한 편이다. 이상하게 걷기 코스가 산길보다 더 힘들다는 사람들의 말은 이런 이유에서다.

산길은 아름답고 풍요롭다. 사람들이 다니면서 만들어졌기에 자연스러운 선이 살아 있다. 길섶은 자연이 만든 거대한 수목원이며 식물원이다. 어느 수목원이 이처럼 풍부하고 다양한 생명을 품을 수 있겠는가.

산에 다니면서 산길은 그 자체로 완벽하다는 생각을 많이 했다. 걷기 코스가 인간의 작품이라면 산길은 신의 작품이다. 걷기 코스는 때론 억지스럽게 길을 이어 붙인 흔적이 역력하지만, 산길은 그야말로 바느질 흔적이 없는 천의무봉이다.

필자가 산을 만난 지 어느덧 20년이 흘렀다. 1990년쯤 학창 시절에 홀로 지리산을 종주하며 산에 눈을 떴다. 가져간 음식이라곤 쌀과 고추장이 전부였지만, 팔도의 산꾼들과 어울려 진하게 밥과 술을 나누었다. 종주 중에 길을 잃어 말로만 듣던 비박을 하고, 탈수증으로 구토하고, 돌에 무릎을 찧어 절룩이고… 고생이 이만저만이 아니었다. 하지만 지리산 종주 후에 잔잔하게 밀려오는 성취감과 쾌감은 아주 특별했다. 산에 대해 까닭 모를 자신감이 생긴 것도 이때였다.

학교를 졸업하고는 등산 잡지에 취직해 우리 산천을 본격적으로 싸돌아다녔다. 그렇게 '걷는 인생'이 된 것이다. 그동안 걸은 길이 꽤 된다. 백두대간을 비롯한 우리의 아기자기한 산길, 중국과 일본의 다양한 산길, 말레이시아와 뉴질랜드의 심오한 숲길, 작정하고 돌아다녔던 네팔과 파키스탄, 히말라야 웅장한 산길 등. 거리로 따지자면 지구 반 바퀴(약 2만㎞)는 되지 않을까 싶다. 잘하면 죽기 전까지 지구 한 바퀴 거리를 걸을 수도 있겠다.

이 책에 소개한 산길은 《서울신문》에 2008년부터 연재하고 있는 〈진우석의 걷기

좋은 산길〉 중에서 55곳을 추려낸 것이다. 거기에는 그동안 필자가 산에서 깨달은 두 가지 노하우가 담겨 있다.

첫째는, 산에는 정상 코스 말고도 좋은 길이 얼마든지 있다는 점이다. 산행은 반드시 정상을 올라야 하는 것도 아니다. 어쩌면 그동안 정상을 고집하느라, 보석 같은 길을 주마간산 격으로 흘려버렸을지도 모른다. 그런 생각으로 정상을 고집하지 말고, 걷기 좋고 풍광 빼어난 길을 소개하자는 의도에서 신문 연재를 시작했다.

두 번째는 계절에 맞는 코스를 고려했다. 계절의 아름다움은 아무리 강조해도 지나치지 않는다. 제아무리 역사와 이야기가 서린 길이라도 자연의 아름다움이 받쳐주지 않으면 빛을 잃기 마련이다. 아름답다고 알려진 곳은 그곳이 가장 좋을 때에 진면목을 만날 수 있다. 가령 설악산은 단풍이 절정일 때 만나는 것이 진짜다. 산이 가장 아름다울 때에 그 온전한 모습을 만나는 것은 정말로 감동적이다.

간혹 산길에서 아주 특별한 경험을 한다. 어느 순간, 서늘한 촉감이 느껴지면서 마음이 한없이 편안해진다. 시공간과 자아를 잊어버리는 시간이다. 그것은 걷는 도중, 쉴 때, 멋진 조망을 바라볼 때… 시도 때도 없이 찾아온다. 영혼이 자유로워지는 순간이며 내가 산이 되는 순간이다. 아쉬운 것은 그 순간이 너무 짧다는 것이다. 하지만 느낌은 참으로 강렬해서 좀처럼 잊히지 않는다.

책을 묶고 나니 아쉬운 점이 많다. 여기에 소개된 모든 길이 다 좋은 건 아니고, 때론 힘든 코스도 있다. 또한 필자가 소개한 코스보다 더 좋은 길이 있을 수 있다. 필자의 부족한 점은 독자들이 스스로 채웠으면 하는 바람이다. 그 과정에서 필자보다 더 크고 많은 것을 느끼고 즐길 수 있을 것으로 믿는다.

마지막으로 책을 만드는데 도움을 주신 《서울신문》 손원천 · 박록삼 기자님과 부족한 원고를 잘 엮어주신 페이퍼로드 식구들에게 감사의 인사를 올린다. 또 산에서 만나 기꺼이 사진 모델이 되어주신 산꾼들에게 고마움을 전한다.

산을 즐기는 데는 왕도가 있을 수 없다. 산을 잘 타느니 못 타느니 하는 것은 문제가 되지 않는다. 산에서 행복한 사람이 가장 산을 잘 타는 사람이다. 산을 찾는 모든 사람에게 산의 평화와 축복이 가득하길 빈다.

2010년 북한산 탕춘대성 아래에서

진우석

CONTENTS

春 | 한 걸음 한 걸음 울컥 밀려오는 봄

夏 | 솔숲의 맑고 청아한 바람소리

秋 | 하늘도 땅도 사람도 온통 붉은 빛

冬 | 눈꽃 얼음꽃 피어나는 산길의 정취

사계절
주말마다 떠나는
걷기 좋은 산길

서울·수도권

- 서울 | 북한산성
- 서울 | 북한산 비봉능선
- 서울 | 아차산
- 서울 | 인왕산 기차바위
- 서울 | 관악산 무너미고개
- 서울 | 안산 벚꽃길
- 서울 | 북악산 백사실계곡
- 서울 | 청계산 석기봉
- 가평 | 아재비고개
- 가평 | 조무락골
- 가평 | 화악산 북봉
- 광주 | 남한산성
- 남양주 | 서리산 철쭉동산
- 남양주 | 운길산
- 남양주 | 천마산 팔현계곡
- 양평 | 중원계곡
- 의정부 | 도봉산 망월사
- 하남·광주 | 검단산 남한산 종주

강원도

- 강릉 | 바우길 선자령 풍차길
- 고성 | '관동별곡 800리 길'
- 삼척 | 무건리 이끼폭포와 용소길
- 양양 | 구룡령 옛길
- 원주 | 치악산 구룡사계곡
- 인제 | 설악산 한계사지
- 인제 | 설악산 만경대
- 태백 | 분주령
- 태백 | 태백산 천제단
- 평창 | 계방산

충청도

- 괴산 | 화양계곡
- 괴산 | 산막이 옛길
- 영동 | 황간 월류봉
- 청주 | 우암산

전라도

- 고창 | 선운산 도솔계곡
- 무주 | 덕유산 향적봉
- 보성 | 일림산
- 영암 | 월출산 구름다리
- 완주 | 대둔산
- 정읍 | 내장산 원적계곡

경상도

- 거제 | 노자산
- 남해 | 금산 상사바위
- 문경 | 문경새재
- 봉화 | 청량산 하늘바위
- 산청 | 지리산 천왕봉
- 상주 | 견훤산성
- 영덕 | 블루로드
- 영주 | 소백산 초원 능선
- 울릉도 | 내수전 옛길
- 울릉도 | 나리분지
- 창녕 | 화왕산성
- 청송 | 주왕산 주방계곡
- 통영 | 미륵산
- 하동 | 토지길

제주도

- 서귀포시 | 따라비오름
- 서귀포시 | 성산일출봉
- 제주시 | 우도봉
- 제주시 | 한라산 윗세오름

한 걸음 한 걸음
울컥 밀려오는 봄

春

상사바위에 올라서면 기암괴석들과 쪽빛 바다. 그리고 한려해상의 빛나는 섬들이 한바탕 어우러진다.

걸음 한 걸음
울컥 밀려오는 봄바다

남해 금산

상주리 ▶ 쌍홍문 ▶ 보리암 ▶ 상사바위 ▶ 상주리

지리산의 옆구리를 스쳐 바다를 향해 숨 가쁘

게 달려가던 섬진강이 잠시 쉬었다 가는 곳이

있다. 남쪽 바다에 문을 여는 섬, 그래서 이름

도 그냥 남해다.

남해를 한 바퀴 돈 섬진강은 금산의 배웅을 받

고서야 비로소 망망대해로 떠나간다. 남해 금

산은 먼바다를 바라보며 그렇게 우뚝 서 있다.

　　　　남해에서 두 번째로 높은 금산(錦山, 681m)은 대부분 사람들이 금산이라 부르지 않고 꼭 '남해 금산'으로 부른다. '남해'라는 발음에서 눈부신 바다가 떠오르고, '금산'이란 말에서 느닷없이 솟구친 산을 그려보기 때문이다. 물론 "한 여자 돌 속에 묻혀 있었네…"로 시작하는 이성복의 시 〈남해 금산〉의 유명세도 그 이름이 굳어지는 데에 한몫을 했다. 이 시는 한때 금산에서 칡차를 파는 젊은 행상이 가판에 써 붙였을 정도로 유명했다.

산행은 상주매표소 앞에서 금산을 올려보는 것으로 시작한다. 산마루에는 바위들이 병풍처럼 늘어서 있는데, 하나같이 고개를 들어 먼 바다를 바라보는 듯하다. 휘파람 절로 나는 호젓한 숲길이 돌계단으로 바뀌면서 숨이 가쁘다. 뒤를 돌아보니 일렁이는 미조 앞바다가 금산의 발목을 적시고 있다. 그렇게 바다를 바라보며 두어 번 쉬다 보면 거대한 바위가 길을 가로막는다. 꼭 손기정 옹이 마라톤으로 올림픽을 제패하고 받았던 그리스 투구처럼 생겼다. 이름은 쌍홍문, 길은 왼쪽 구멍 안으로 나 있다. 바위굴이 뿜어내는 서늘한 기운에 마음을 다잡고 통과하니 보리암이다.

보리암은 동해의 낙산사 홍련암과 서해 강화도 보문사와 함께 우리나라 3대 관음도량이다. 금산의 본래 이름은 이 암자에서 나왔다. 683년 원효대사가 보리암 자리에 보광사(寶光寺)를 지으며 산 이름도 보광산이 되었다. 대자대비한 마음으로 중생을 구하는 관세음보살이 있는 보광궁의 뜻을 담은 것이다.
"이 땅의 왕이 되겠습니다."
그 옛날 이성계 역시 이곳에서 간절한 백일기도를 올렸다. 자신이 왕이 된다면 그 보답으로 산을 비단으로 두르겠다고 굳게 약속한다. 조선이 건국되자 이성계는 정말로 산을 비단으로 덮으라는 명을 내린다. 하지만 신하

이성계가 기도를 올리고 조선을 건국했다는 보리암은 영험한 기도처로 유명하다.

들이 도저히 그렇게는 할 수 없으니 차라리 이름을 바꾸자는 상소문을 올린다. 이러한 우여곡절 끝에 산 이름이 보광산에서 금산으로 바뀌었다.

나이 지긋한 아주머니들이 보리암 앞마당의 해수 관세음보살상에 연방 절을 올린다. 그들의 간절한 마음을 아는지 모르는지 관세음보살은 입가에 살포시 미소를 지으며 남해 먼 바다를 굽어보고 있다. 보리암을 지나 돌계단을 좀 더 오르면 금산 정상이다. 봉수대가 있는 정상의 조망은 생각보다 평범했다.

먼바다 굽어보는 관세음보살의 미소

정상에서 내려와 저두암과 코끼리바위 아래 있는 금산산장을 지나면 가장 풍광이 빼어난 상사바위다. 이곳은 아찔한 낭떠러지다. 상사병으로 죽은 머슴의 혼백이 뱀이 되어 주인집 딸의 몸을 칭칭 동여맸다가 이곳에서 한을 풀고 벼랑 아래로 떨어졌다는 이야기가 내려오는 곳이다. 어쩌면 이성복은 상사바위에서 시의 모티브를 떠올렸을지도 모른다.

> 한 여자 돌 속에 묻혀 있었네
> 그 여자 사랑에 나도 돌 속에 들어갔네
> 어느 여름 비 많이 오고
> 그 여자 울면서 돌 속에서 떠나갔네
> 남해 금산 푸른 바닷물 속에 나 혼자 잠기네

이성복의 시선으로 바라보는 남해 금산은 실연의 산이다. 그는 금산의 아름다운 기암괴석에 슬픈 염원이 담겨 있음을 직감했다. 그리고 상상의 날개를 펼치고 그것을 사랑 노래로 신비롭게 풀어낸 것이다. 금산에서 남해를 바라보는 사람들이면 누구나 자신만의 염원을 품게 마련이다. 아련하게 일렁거리는 먼 바다는 그 염원을 반드시 들어줄 것 같다. 상사바위의 벼랑 쪽으로 한 발짝 나아가자 환하고 눈부신 봄바다가 울컥 밀려온다.

복골저수지
복골탐방안내소
제2주차장
한려해상 국립공원
남해군
상주면
상주리
삼동면
제2주차장
금산
금산산장
제석봉
보리암
매점
좌선대
쌍홍문
만물상
상사암
금산탐방안내소
19

산길 친구

이름에서부터 바다 냄새가 풀풀 나는 남해 금산을 오르는 길은 19번 국도가 지나가는 상주리 금산탐방안내소 쪽이 좋다. 금산 북쪽 복골탐방안내소 쪽은 보리암 근처까지 도로가 나 있어 걷는 맛이 없기 때문이다. 금산탐방안내소에서 보리암까지는 거친 돌길이지만, 뒤를 돌아보면 눈부신 바다를 만날 수 있다. 쌍홍문은 손기정 옹이 마라톤으로 올림픽을 제패하고 받았던 그리스 병사의 투구처럼 생겼다. 사진작가들은 쌍홍문 안에서 일출 장면을 즐겨 찍기도 한다. 기도발이 잘 듣기로 유명한 보리암에서 간절하게 소원을 빌어보자. 상사암은 남해 금산에서 가장 풍광이 좋은 전망대다. 여기서 맘껏 시간을 보내고 내려오자. 남해금산을 찾을 때는 이성복 시집 「남해 금산」을 배낭에 넣어가는 것도 좋겠다.

가는 길과 맛집
경상남도 남해군 상주면 상주리

교통
자가용은 대전통영고속도로 진주IC에서 남해고속도로로 갈아타고 사천IC에서 빠져나온 뒤 3번 국도를 따라가면 창선~삼천포대교와 만난다. 남해대교로 가려면 진교IC로 나와 19번 국도를 따라가면 된다. 서울남부터미널(02-521-8550)에서 오전 8시부터 하루 10회 고속버스가 운행되며 소요시간은 4시간 30분 정도.

맛집
남해의 먹거리는 미조항의 갈치회와 멸치회가 유명하다. 삼현식당(055-867-6498)과 공주식당(055-867-6728)은 단골들의 발길이 끊이지 않는 곳이다. 산행 중에는 금산산장(055-862-6060)에서 담백한 산채정식을 맛볼 수 있다.

신선대 전망대에서 본 통영항 일대. 미륵산이 험한 파도와 바람을 막아주기에 통영항은 호수처럼 잔잔하다.

예술적 영감 불러오는
한려수도 전망대

통영 미륵산

용화사 ▶ 띠밭등 ▶ 정상 ▶ 관음사 ▶ 용화사

'동양의 나폴리'라 불리는 통영은 백석의 시구처럼 "자다가도 일어나 바다에 가고 싶은" 곳이다. 시장 골목 사이로, 좌판을 벌인 상인들 뒤로 바다가 정겨운 이웃처럼 앉아 있다. 통영에서 흔한 것이 바다 풍경이지만, 한려해상의 진수를 보여주는 곳이 미륵산이다. 미륵산은 아름다운 통영의 명성을 드높이고, 이 고장 출신 예술가들에게 눈부신 영감을 불러일으켰다.

산행 도우미
▶ 걷는 거리 : 약 4㎞
▶ 걷는 시간 : 2시간 30분~3시간
▶ 코   스 : 용화사~띠밭등~
    신선대 전망대~정상
    ~여우치~관음사~
    용화사
▶ 난 이 도 : 쉬워요
▶ 좋을 때 : 봄철에 좋아요

통영 남쪽으로 거대한 섬이 버티고 있는데, 그것이 미륵도다. 육지와 섬이 워낙 가까워 섬 같지도 않지만, 다리를 건너야 들어설 수 있다. 이 미륵도야말로 하늘이 통영에 주신 선물이다. 거센 파도와 바람을 막아주기 때문에 통영항은 사시사철 호수처럼 잔잔하다. 461m 높이의 미륵산 정상 일대는 사방으로 시야가 넓게 터져 한려해상의 최고 전망대란 찬사가 아깝지 않다.

우여곡절 끝에 2008년 미륵산 케이블카가 완공되어 10여 분이면 정상까지 갈 수 있지만, 호젓하게 걸어가는 것이 제맛이다. 산길은 용화사를 들머리로 정상에 올랐다가 관음사를 거쳐 내려오는 원점회귀 코스가 좋다.

산행 들머리는 용화사 광장. 널찍한 광장 뒤로 미륵산 정상이 올려다보인다. 제법 우람한 정상의 산불감시 초소가 성냥갑만 하게 보인다. 미륵산과 눈을 맞췄으면 광장을 중심으로 왼쪽 용화사 방향을 따른다. 오른쪽은 관음사 방향으로 하산할 때 내려오는 길이다. 급경사 시멘트 도로를 오르면 널찍한 저수지를 지난다. 계곡물을 모은 곳으로 예전에는 통영시에 식수를 공급했다고 한다.

용화사에서 약수 한 바가지 들이키고 서둘러 길을 나선다. 용화사 일대는 임도와 절 중창으로 다소 번잡하다. 이어지는 임도를 따라 한 구비 돌면 화장실과 공원이 보이고, 그 뒤 오른쪽으로 산길이 이어진다. 이정표가 없기에 길 찾기에 주의해야 한다. 길섶의 동백꽃 향기를 쫓아 15분쯤 오르면 편백나무 사이를 지나 띠밭등에 닿는다.

미륵산 산길은 띠밭등에서 정상까지 500m가 고비다. 이곳만 지나면 힘든 곳이 없다. 20분쯤 천천히 돌계단을 오르면 나무 데크가 길게 놓인 정상 능선에 올라붙는다. 여기서 우선 눈에 띄는 것이 당포해전 전망대. 훤히 내려다보이는 미륵도 삼덕리가 옛 당포다. 이순신 장군이 거느리는 조선 수군이 겁도 없이 당포에 정박해 분탕질하던 왜선 21척을 단숨에 박살냈다고 한다. 전망대 옆에는 박경리 선생 묘소 전망 쉼터가 있다. 현대문

신선대 전망대에 놓인 정지용 시비에는 "통영포구와 한산도 일폭의 천연미는 다시 있을 수 없을 것…"이란 구절이 있다.

학 100년 역사상 가장 훌륭한 소설로 손꼽히는 대작 『토지』의 저자인 박경
리 선생의 기념관과 묘소가 아스라이 보인다.

통영이 걸출한 예술가들을 배출한 까닭

통영은 유독 걸출한 예술가를 많이 배출했다. 시인 유치환·김상
옥·김춘수, 극작가 유치진, 음악가 윤이상, 화가 김형로·전혁림 등 내로
라하는 작가들의 고향이 통영이다. 아마도 한려수도의 아름다운 경치가 그
들의 감성을 풍부하게 만들었고, 그것이 글로 음악으로 그림으로 태어난 것
으로 보인다. 다른 고장의 예술가 역시 통영을 방문해 그 아름다움에 흘딱
반했다. 대표적인 사람이 시인 백석과 정지용이다.

당포해전 전망대에서 왼쪽 케이블카 정류장 쪽으로 100m쯤 가면 신선대 전
망대가 나오는데, 여기에 정지용 시비가 놓여 있다. 이곳 전망대는 미륵산을
통틀어 가장 조망이 좋은 자리로 북쪽 통영항, 동쪽 한산도와 거제도 일대,
남쪽 소매물도 등 한려해상의 아름다움이 멋지게 드러나는 명당이다. 이곳
을 선선히 정지용에게 내준 통영 사람들의 예술적 안목과 인심도 넉넉하다.
"통영과 한산도 일대 풍경 자연미를 나는 문필로 묘사할 능력이 없다….

우리가 미륵도 미륵산 상봉에 올라 한
려수도 일대를 부감할 때 특별히 통영
포구와 한산도 일폭의 천연미는 다시
있을 수 없을 것이라 단언할 뿐이다…"
〈정지용 산문 「통영5」 중에서〉
정지용의 고백처럼 통영항과 한산도 일
대의 풍경은 특별하다. 특히 한산도 주
변으로 둥글둥글한 섬들과 그 뒤 웅장
하게 일어난 거제도의 산세는 한려해상

싱싱한 활어들이 즐비한 중앙시장 활어 골목

을 대표하는 풍광이라 해도 과언이 아닐 것이다. 정지용은 담담하고 겸손하
게 글을 썼지만, 내심 통영을 고향으로 둔 문인들이 무척 부러웠을 것이다.

"미륵산은 통영 시내 야경이 참 좋아요"

신선대에서 암봉이 우뚝한 봉수대를 지나면 곧 정상에 올라선다. 이
곳에서는 조망 안내판을 참고해 보석처럼 뿌려진 섬들을 찾아보는 재미가 쏠
쏠하다. 이순신 장군의 한산도대첩으로 유명한 한산도가 손에 잡힐 듯하고, 그
뒤로 웅장한 산세를 이루는 것이 거제도의 노자산~가라산 능선이다. 그 오른
쪽으로 추봉도, 매물도와 소매물도, 비진도, 소지도 등이 차례대로 펼쳐진다.
배 터지게 섬 구경을 했으면 하산이다. 정상에 산길은 산불감시 초소가 있
는 서쪽으로 계속 능선을 타야 한다. 그동안 시야가 가렸던 서쪽 바다를 바
라보며 완만한 능선을 내려오면 여우치(미륵치)다. 여우치에서 길은 여러 갈
래라 헷갈리는데, 관음사를 거쳐 내려오려면 용화사 방향을 따라야 한다.
길은 산비탈을 부드럽게 타고 돌면서 도솔암과 관음사를 술술 내놓는다.
여우치에서 만나 동행한 아저씨는 놀랍게도 퇴근하는 길이었다. 그는 미
륵산 건너편 산양중학교의 교장선생님이었다. 아침저녁으로 시내 미륵산
을 넘어 출퇴근 한다고. "미륵산은 일출도 좋지만, 통영 야경이 참 멋있어
요. 언제 다시 오셔서 꼭 보세요."

산길 친구

산행 코스는 오를 때는 다소 급경사인 띠밭등을 거쳐 정상에 올랐다가, 내려올 때는 완만한 관음사 코스가 좋다. 야경을 보러 갈 때는 관음사 코스로 오르는 것이 안전하다. 조망은 정상도 좋지만, 정지용 시비가 있는 신선대 전망대가 한 수 높다. 부모님을 모시고 가거나 산행에 자신이 없으면 도남동에서 운행하는 미륵산 케이블카를 이용한다. 이 케이블카는 국내 최장거리로 무려 1,975m, 10분쯤 걸린다. 상부 정류장에 내려 7분쯤 걸으면 신선대 전망대에 닿는다. 요금 왕복 어른 9,000원, 아이 5,000원.

가는 길과 맛집
경상남도 통영시 봉평동

교통
자가용은 대전통영고속도로 북통영 나들목으로 나와 시내로 들어간다. 대중교통의 경우 서울고속버스터미널(1688-4700)과 서울남부터미널(02-521-8550)에서 통영 가는 버스가 수시로 있다. 통영터미널에서 용화사 가는 버스는 05:10~23:00까지 수시로 다닌다.

맛집
통영은 미식가와 술꾼에게 축복의 도시다. 술을 시키면 안주가 따라 나오는 다찌집이 많은데, '통영사랑 다찌집'(055-644-7548)이 유명하다. 중앙시장 활어 골목에는 사철 싱싱한 활어들이 손님을 기다린다. 서호시장의 다복식당(055-645-8202)과 수정식당(055-644-0396)은 해장으로 좋은 졸복국을 잘한다. 장어머리와 시래기를 넣고 끓인 시락국 역시 통영 술꾼들의 사랑을 받고 있다.

구름다리에 서면 설악산, 금강산, 북한산 등의 절경을 모아 놓은 듯한 장관이 펼쳐진다.

돌과 달, 그 따뜻한 울림

월출산 구름다리

천황사 입구 ▶ 바람골 ▶ 구름다리 ▶ 천황사 입구

전남 영암과 강진에 걸쳐 있는 월출산은 수수께끼 같은 존재다. 판소리 '서편제'의 가락처럼 구성지게 늘어지는 남도의 구릉과 벌판에서 느닷없이 화강암 덩어리들이 치솟았다. 게다가 산 이름이 월악산도, 월영산도 아닌 월출산이다. 달을 낳은 산이라니? "남도에 그림 같은 산이 있다더니, 달은 하늘 아닌 돌 사이에서 솟더라"라고 한 매월당 김시습의 말처럼 월출산은 훤한 달빛 아래 바위들이 빛날 때 가장 아름답다.

산행 도우미
▶ 걷는 거리 : 약 3km
▶ 걷는 시간 : 2시간 30분~3시간
▶ 코   스 : 천황사 입구~바람골
           ~구름다리~매봉~
           구름다리~천황사~
           천황사 입구
▶ 난 이 도 : 조금 힘들어요
▶ 좋을 때 : 봄, 가을에 좋아요

월출산은 우리나라의 20개 국립공원 중에서 면적은 가장 작지만, 금강산, 북한산, 설악산 등의 절경을 모아 놓은 풍광 덕분에 많은 사람들에게 사랑받고 있다. 산 이름은 월악산도, 월영산도 아닌 월출산이다. 달을 낳은 산이라니? "남도에 그림 같은 산이 있다더니, 달은 하늘 아닌 돌 사이에서 솟더라"라고 한 매월당 김시습의 말처럼 월출산은 훤한 달빛 아래 바위들이 빛날 때 가장 아름답다고 한다. 월출산의 대표적인 산길은 천황사~도갑사 종주 코스지만, 봄맞이 가족산행이라면 바람골을 따라 구름다리까지만 오르내리는 짧은 코스를 권하고 싶다.

천황사 입구 주차장에는 '월출산'이라 새겨진 큰 비석이 서 있다. 그 앞에서 월출산의 수려한 암봉들과 눈을 맞추는 것이 산행의 시작이다. 왼쪽의 사자봉과 오른쪽 장군봉, 그 가운데 까마득히 솟구친 천황봉을 올려다보면 가슴이 쿵쾅쿵쾅 뛴다. 그렇게 심장에 시동을 걸었으면 출발이다. 목표는 사자봉의 가슴팍에 걸려 있는 빨간 구름다리다.

주차장에서 5분쯤 오르면 소나무가 우거진 야영장을 지나면서 호젓한 숲길로 들어선다. 제법 가파른 비탈에 숨이 차오를 무렵이면 작은 다리를 만나면서 길이 갈린다. 왼쪽은 천황사를 거쳐 구름다리로 오르는 능선길이고, 다리를 건너면 바람골계곡을 거쳐 구름다리로 간다. 구름다리 코스는 먼저 바람골로 올랐다가 천황사로 내려오는 길이 수월하다.

다리를 건너면 바람골이 시작되는데, 꼭 설악산 천불동계곡에 들어선 기분이다. 사방으로 견고한 화강암들이 들어차 있고, 시원한 계류가 흘러온다. 물의 곡선을 따라 이리저리 휘어지는 계곡길을 20분쯤 오르니 다시 갈림길. 여기서 구름다리는 왼쪽으로 300m 거리다. 코가 땅에 닿을 정도의 가파른 철계단을 오르자 머리 위

우락부락한 장군봉 옆으로 펼쳐진 남도의 푸른 들판이 봄 냄새를 물씬 풍긴다.

로 구름다리가 걸려 있다.

"우와~ 바위가 살아 있는 거 같아요." 아빠 손을 단단히 잡은 아이의 목소리가 울려 퍼진다. 구름다리는 참으로 절묘한 위치에 자리 잡았다. 매봉과 사자봉, 멀리 바람골 건너편의 천황봉과 장군봉의 암봉들이 병풍처럼 둘러서 모두 구름다리를 쳐다보고 있다. 다리를 건너면서 아래를 내려다보니 짜릿짜릿 오금이 저린다. 다리의 높이는 지상에서 120m라고 하지만 체감 높이는 바닥을 알 수 없는 까마득한 벼랑이다.

남도의 푸른 들판에 솟구친 암봉들

이곳에 구름다리가 처음 놓인 것은 1978년. 당시에는 한 사람이 겨우 지날 수 있을 정도로 다리 폭이 좁았고, 바람이 조금만 불어도 크게 흔들렸으며 다리 바닥으로 밑이 훤히 내려다보였다. 그래서 다리를 건너지 못하고 중간에서 되돌아오는 사람이 부지기수였다고 한다. 지금은 해발고도 510m의 높이에, 길이 52m, 폭 1m의 규모로 2006년 5월에 새로 지어 개통했다.

구름다리를 건너면 설악산 일부를 옮겨놓은 듯한 장군봉의 암봉들이 장쾌하다. 그 오른쪽으로 영암의 들판이 시원하게 펼쳐진다. 남도의 부드러운 들판에서 솟구친 암봉은 월출산이 아니면 보기 힘든 풍경이다. 반듯하게 정리된 들판은 푸른 헝겊들을 잇대어 기운 조각보 같다. 그 헝겊마다 청보리가 쑥쑥 자라고 있

구름다리 코스의 절정인 매봉에 서면 월출산의 수직적 바위미와 남도 들판의 수평적 평온함이 묘한 대조를 이룬다.

다. 물씬 봄 냄새가 전해지는 따뜻한 풍경이다.

구름다리를 지나면 가파른 철계단이 이어지면서 사자봉과 장군봉의 비경이 계속된다. 철계단을 15분쯤 오르면 매봉 정상이다. 건너편 장군봉 너머로 영암 시내가 잘 보인다. 구름다리 산행은 여기까지다. 이곳에서 시원한 조망을 즐기고 다시 구름다리로 내려온다. 구름다리 입구 정자 앞에서 능선길을 따르면 천황사로 내려가게 된다. 가파른 길을 40분쯤 내려오면 천황사를 지나 바람골 삼거리를 만나게 된다.

산길 친구

월출산의 대표적인 등산로는 천황사 입구에서 시작해 천황봉, 구정봉을 거쳐 도갑사로 내려오는 종주 코스다. 경사가 가파른 돌길이지만 변화무쌍한 풍광이 아름답다. 구름다리 코스는 종주 코스에는 미치지 못하지만 월출산의 짜릿한 바위미를 만끽하기에 부족함이 없다. 구름다리를 건너 15분쯤 걸리는 매봉까지 다녀오는 것이 좋겠다.

가는 길과 맛집
전라남도 영암군 영암읍 개신리

교통
자가용은 서해안고속도로를 타고 함평IC로 나와 공산~반남을 거쳐 영암에 이르는 것이 빠르다. 대중교통은 서울 센트럴시티터미널(02-6282-0114)에서 영암행 버스가 08:50 15:40 16:50 하루 3~4회 운행된다. 영암 시내에서 월출산 입구로 가는 버스는 영암~천황사 07:10 09:00 10:10 15:20 16:30, 영암~도갑사 09:30 16:10.

맛집
바다와 접한 영암은 남도 고을답게 먹거리가 풍성하다. 영암군청 옆의 40년 전통의 중원회관(061-473-6700)이 유명한 맛집이다. 수차례 남도음식축제의 수상 경력을 자랑하는 문희례 할머니가 직접 밑반찬을 챙긴다. 호남 한우와 갯벌에서 잡은 낙지를 함께 넣어 끓인 갈낙탕은 영암 별미 중 최고로 꼽힌다. 1만 5,000원.

청계산은 전체적으로 부드러운 육산이지만, 정상 역할을 하는 석기봉 일대는 우람한 암봉이 치솟았다.
석기봉에 서면 건너편 관악산이 기막히게 보인다.

호젓한 길에서 만나는
곧은 선비의 자취

청계산 석기봉

정일당 강씨 사당 ▶ 국사봉 ▶ 석기봉 ▶ 옛골

청계산(618m)은 서울시, 경기도 성남시~과천
시~의왕시에 걸쳐있는 수도권 남부의 명산이
다. 산세는 전체적으로 부드러운 육산이지만
정상인 망경대와 석기봉 일대는 우람한 암봉
이 솟아 강함과 부드러움이 조화를 이루고 있
다. 예전에는 근처 관악산에 가려 빛을 보지
못했지만, 몇 년 전부터 웰빙 열풍을 타고 등
산객들이 폭발적으로 늘어났다. 최근에는 이
효리와 전지현 등의 인기 연예인들이 청계산
을 즐겨 찾는다는 것이 알려지면서 화제가 되
기도 했다.

산행 도우미
▶ **걷는 거리** : 약 8km
▶ **걷는 시간** : 4~5시간
▶ **코　　스** : 금토동~정일당 강씨
　　　　　　사당~국사봉~석기봉
　　　　　　~옛골
▶ **난 이 도** : 조금 힘들어요
▶ **좋을 때** : 봄, 가을에 좋아요

청계산 남쪽에 숨어 있는 '정일당 강씨 사당'

청계산의 대표적인 등산로는 서초구 원지동 원터골을 들머리로 옥녀봉과 정상에 올랐다가 옛골로 내려오는 길이다. 이 코스는 사람들이 워낙 많고 옥녀봉 오르는 길에 2,500여 개의 계단이 있어 만만치 않다. 호젓하고 부드러운 산길을 원한다면 성남시 금토동의 '정일당 강씨 사당'을 들머리로 국사봉과 정상을 거쳐 옛골로 내려오는 길을 추천하고 싶다. 이 길에는 우리 역사의 다양한 인물들의 이야기가 녹아 있기에 아이들과 함께라면 더욱 좋겠다.

옛골에서 마을버스를 타고 10쯤 가면 성남시 금토동이 나온다. 청계산의 오지에 해당하는 이곳은 국사봉과 이수봉에 부드럽게 안겨 있어 포근하다. 마을 안으로 들어가면 '정일당 강씨 사당'을 알리는 안내판이 눈에 들어온다. 그 길을 따르면 포장도로가 끝나면서 계곡으로 들어서게 된다. 작은 계곡에는 진달래가 하나 둘 피었고, 밤나무와 상수리 등이 우거져 운치 있다. 인적이 뜸한 이 길을 20분쯤 걸으면 강씨 사당에 닿는다.

조선후기 여류 문인인 정일당 강씨(1772~1832)는 강희맹의 후손으로 경서에 통달하고 해서를 잘 썼다고 전해진다. 사당 앞 벤치에 앉으니 생강나무가 노란 꽃을 내밀고 있다. 아직 산은 회색빛이지만, 그 안은 조금씩 생기 있는 봄빛을 머금고 있다. 사당 옆 약수터에서 물 한 잔 들이켜고 완만한 오르막을 20분쯤 오르면 강씨 무덤이다. 무덤은 볕이 잘 들고 건너편 조망이 좋다. 무덤 위로 난 오솔길을 따르면 능선을 만나고 이어 '루

정여창이 청계산에 숨어 생명의 위기를 두 번 넘겼다는 이수봉

청계산의 숨은 명소인 '정일당 강씨 사당'. 사당으로 가는 길이 완만하고 호젓하다.

도비꼬 성지'란 안내판이 눈에 들어온다. 화살표 방향으로 50m쯤 내려가니 바위굴이 보인다. 루도비꼬 볼리외(1840~1866) 신부가 대원군의 천주교 박해를 피해 은거했던 동굴이다. 그는 프랑스 출신으로 1865년 충남 내포리로 들어와 포교 활동을 하다 병인년 천주교 박해(1866) 때 순교했다고 알려졌다. 두세 명이 겨우 누울 수 있는 공간에서 두려움과 불안에 떨었을 생각을 하니 마음이 아프다.

다시 능선 마루금을 따르니 국사봉 정상이다. 국사봉은 청계산의 가장 남쪽 봉우리로 고려말 이성계의 조선 건국에 분개한 조윤, 이색, 변계량 등이 고려의 국권 회복을 도모하고 나라를 걱정했다 해서 붙여진 이름이다. 국사봉에서 북쪽으로 이수봉까지 이어지는 능선은 전형적인 육산이라 걷는 맛이 좋다. 이수봉은 조선 전기 성리학의 대가인 일두 정여창(1450~1504)이

무오사화의 변고를 미리 예견하고 청계산에서 은거하며 생명(壽)의 위기를 두(兩)번 넘겼다고 해서 붙은 이름이다. 소나무가 우거지고 주변에 벤치가 많아 한숨 돌리기에 좋다. 이수봉부터는 사람들이 부쩍 많아지고, 평지처럼 순한 길은 석기봉 입구 공터까지 이어진다.

정여창의 죽음을 예감한 금정수

공터에서 능선을 5분쯤 따르면 갑자기 전망이 시원하게 뚫리면서 석기봉이 나온다. 암봉인 석기봉은 풍광이 뛰어나고 전망이 장쾌하다. 정상인 망경대가 군부대가 들어선 관계로 출입이 통제되었기에 석기봉이 청계산 정상 역할을 대신하고 있다. 서쪽으로 과천 시내와 경마장이 잘 보이고 그 뒤로 관악산이 우뚝하다.

석기봉에서 망경대 방향으로 3m쯤 내려오면 벼랑 쪽으로 밧줄이 묶여 있다. 줄을 잡고 급경사를 50m쯤 내려오면 금정수를 만나게 된다. 『과천현신읍지』에 "청계산 정상에 금정수가 있는데, 깎아지른 백 척 바위 절벽 사이로 맑은 물이 솟아나며 물빛은 황금색을 이룬다"는 기록이 있다. 무오사화를 피해 청계산으로 들어온 정여창은 이곳 금정수에 은거했다고 한다. 하지만 정여창이 다시 사화에 연루되어 사약을 받자 금정수의 샘물이 핏빛으로 변했고, 훗날 정여창을 비롯하여 억울하게 모함받은 학자들의 정치적 복권이 결정되자 샘물이 다시 황금색으로 바뀌었다고 한다. 금정수를 구경하고 망경대를 왼쪽으로 우회하면 혈읍재가 나온다. 이곳에서 동쪽 계곡길을 따라 40분쯤 내려오면 옛골에 닿으며 산행이 마무리된다.

무오사화를 피해 청계산으로 들어온 정여창이
은거했다고 알려진 금정수

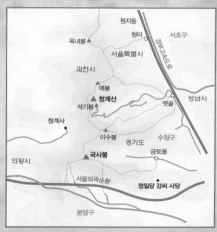

산길 친구

청계산 산길은 일반적으로 원터골 코스를 많이 이용하지만, 계단이 많아 걷기가 퍽퍽하다. 계단이 없고 산길이 완만한 옛골이나 금토동 코스를 이용하는 것이 좋겠다. 가벼운 산책으로 금토동 마을버스 정류에서 정일당 강씨 사당까지만 오르내리는 왕복 1시간 코스도 좋다.

가는 길과 맛집
경기도 과천시 막계동

교통
지하철 3호선 양재역 7번 출구로 나와 4432번 버스를 타면 원터골과 옛골로 갈 수 있다. 성남시 금토동은 옛골에서 11-1번 마을버스를 타고 5분쯤 더 들어가야 한다.

맛집
옛골의 할머니집(010-7120-9201)은 할머니의 손맛이 담긴 작은 막걸리집이다. 안주는 여름철이면 직접 재배한 쌈 야채들이 올라오고, 그밖의 계절에는 직접 만든 묵사발을 내놓는다. 묵사발 3,000원, 묵쌈 8,000원, 막걸리 작은 주전자 5,000원.

봄의 전령인 복수초는 2월 중순~3월 아무런 예고도 기척도 없이 언 땅을 녹이고 은밀하게 피어난다.

야생화 가득한 꽃길에
봄기운 그득

남양주 천마산 팔현계곡

팔현1리 ▶ 팔현계곡 ▶ 돌핀샘 ▶ 팔현1리

천마산(812.4m)은 수도권 근처에서 가장 풍부한 야생화 군락지다. 기록에 의하면 이미 일제 시대부터 식물 조사가 활발하게 이루어졌다고 한다. 천마산 산행은 일반적으로 교통이 편리한 호평동에서 시작하지만, 야생화 산행은 오남면 팔현리로 접근해 꽃이 그득한 팔현계곡(천마산계곡)을 답사하는 것이 요령이다. 이 계곡은 길이 순하고 찾는 사람이 뜸해 호젓한 봄철 가족산행 코스로 그만이다.

산행 도우미

▶ 걷는 거리 : 약 7㎞
▶ 걷는 시간 : 4~5시간
▶ 코   스 : 팔현1리~팔현계곡~
　　　　　　돌핀샘~팔현1리
▶ 난 이 도 : 무난해요
▶ 좋을 때 : 봄철에 좋아요

복수초(福壽草)는 복을 많이 받고 오래 살라는 뜻이 담겨 있다.

봄기운이 물씬 풍기는 피나물

너도바람꽃, 앉은부채 가득한 팔현계곡

　　　　봄은 거북이걸음이다. 느리고 굼뜨지만 지나온 자리마다 환한 꽃을 남기는 마술을 부린다. 봄의 걸음걸이는 꽃의 북상 속도를 알아보는 것으로 측정할 수 있다. 일반적으로 봄꽃은 하루 25~30㎞의 속도로 북상한다. 한 시간에 1㎞가 안 되게 움직이는 셈이다. 비록 느리지만 쉬지 않고 잠도 안 자기에 2월말 서귀포에서 개화한 봄꽃은 4월이면 서울에 개나리, 진달래, 벚꽃, 목련 등을 축포처럼 피워낸다. 지상의 봄은 이러한 경로를 밟지만 깊은 산속은 좀 다르다. 2월 중순~3월 산빛이 온통 거무튀튀할 무렵, 봄의 전령인 복수초, 너도바람꽃, 앉은부채 등은 아무 예고도 기척도 없이 언 땅을 녹이고 은밀하게 피어난다. 종종 꽃이 핀 이후에 눈이 내리기도 한다. 그래서 운이 좋으면 눈 속에 핀 꽃을 만날 수 있다.

봄을 즐기기에 야생화 산행만한 것이 없다. 지상에서 벌어지는 각종 꽃축제들은 구름처럼 몰려든 인파로 꽃구경이 아닌 사람구경으로 전락하기 마련이다. 하지만 간단한 먹을거리를 준비해 봄산으로 들어가면 아름다운 야생화들과 함께 행복한 봄날을 만끽할 수 있다.

천마산(812.4m)은 수도권 근처에서 가장 풍부한 야생화 군락지다. 기록에

땅에 바투 붙어 피는 족도리풀

의하면 이미 일제시대부터 식물 조사가 활발하게 이루어졌다고 한다. 천마산 산행은 일반적으로 교통이 편리한 호평동에서 시작하지만, 야생화 산행은 오남면 팔현리로 접근해 꽃이 그득한 팔현계곡(천마산계곡)을 답사하는 것이 요령이다. 이 계곡은 길이 순하고 찾는 사람이 뜸해 호젓한 봄철 가족산행 코스로 그만이다.

계곡 초입의 음식점들을 지나면 작은 폭포가 나오면서 본격적인 산행이 시작된다. 모퉁이를 돌아 계곡 주변을 자세히 보면 팔랑팔랑 흔들리는 들꽃들이 인사를 건넨다. 피나물은 짙은 노란빛이라 금방 눈에 띄고, 현호색, 개별꽃 등이 차례로 등장한다. 근처를 잘 찾아보면 앉은부채를 볼 수 있다. 앉은부채는 다른 산에서는 보기 어려운 식물이지만 천마산에는 흔하다. 땅바닥에 바투 붙어 자라고, 부채와 비슷한 꽃덮개가 둥근 도깨비방망이 모양의 꽃대를 감싸고 있어 특이하다. 꽃덮개가 외부로부터의 추위를 막아주어 남들보다 일찍 꽃을 피워내는 앉은부채는 꽃이 시들 무렵인 4월에는 잎이 배추만큼 크게 자라난다.

다시 계곡을 따라 15분쯤 오르면 넓은 묵정밭과 큰 전나무를 볼 수 있다. 그 앞에서 길이 갈리는데 혼동하지 말고 계곡 본류만 따르면 길을 잃지 않는다. 조금 걷다 보면 산길 옆 비탈이 흉측하게 파헤쳐진 것이 간간이 눈에

띈다. 어떤 몰지각한 사람들이 앉은부
채를 뿌리째 캐 간 흔적이다. 야생화
는 원래 자란 곳을 떠나면 대개 살 수
없으니 꼭 눈으로만 구경하자.

돌핀샘에서 목 축이면 정상이 지척에

　　　　　두어 번 계곡을 건너면 하
나 둘 너도바람꽃이 등장한다. 이 꽃
은 워낙 작아 주의 깊게 봐야 눈에 들
어온다. 바람꽃은 변산바람꽃, 너도
바람꽃, 나도바람꽃, 꿩의바람꽃, 홀

앉은부채는 습기 많은 응달을 좋아한다.
꽃덮개 속에 도깨비방망이 모양의 꽃이 있다.

아비바람꽃 등 종류도 많고 생김새도 다양하지만 꽃 색깔은 모두 눈처럼
희다. 바람꽃 중 가장 이른 봄에 피는 너도바람꽃은 10cm 안팎의 작은 키
에 손톱만한 흰 꽃이 피는데, 꽃술에 작은 구슬 같은 노란 꿀샘이 앙증맞
게 달려있다.
계곡이 끝나는 지점부터는 제법 가파른 산비탈과 능선이 이어지는데 이곳
에는 현호색과 얼레지가 기다리고 있다. 분홍빛의 얼레지는 주로 군락으
로 몰려서 피기에 봄산을 가장 화려하게 장식한다. 현호색은 종류가 다양
하지만 천마산에는 우리나라 특산종인 점현호색이 많다. 천마산에는 이밖
에도 노루귀, 복수초, 미치광이풀, 올괴불나무 등 귀한 야생화들이 가득하
니, 천천히 둘러보며 봄꽃들과 눈을 맞춰보자.
다시 산비탈을 20분쯤 오르면 커다란 동굴이 앞을 가로막는다. 이곳이 유
명한 돌핀샘이다. 시원한 약수 한 바가지를 들이키고 된비알을 올라서면
천마산 정상이다. 정상 조망은 장쾌하다. 북쪽으로 철마산까지 이어진 유
장한 능선이 시원하고, 북동쪽으로 손에 잡힐 듯한 축령산 너머로 가평
의 크고 높은 산들이 첩첩 펼쳐진다. 하산은 올라왔던 팔현계곡을 되짚
어 내려온다.

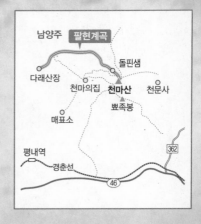

산길 친구

일반적으로 천마산 산행은 호평동이나 화도읍 청소년수련원을 들머리로 하지만, 꽃산행은 팔현리에서 팔현계곡을 따라 돌핀샘까지 오르내리는 코스가 좋다. 건각들은 청소년수련원~천마산~철마산 종주 코스를 즐긴다. 거리는 약 17㎞, 8시간쯤 걸린다.

가는 길과 맛집
경기도 남양주시 화도읍 팔현1리

교통
대중교통이 불편해 자가용을 이용한다. 47번 국도에서 오남읍 이정표를 보고 빠져나온다. 오남읍에서는 팔현계곡 이정표를 보고 우회전해 팔현리로 들어간다. '숲속옹달샘가든' 식당 이정표를 따라 들어가는 것이 요령이다. 식사를 하지 않아도 주차가 가능하므로 이곳에 차를 세우고 산행을 시작한다.

맛집
숲속옹달샘가든(031-527-4437)은 잣국수가 별미다. 팔현리 고로쇠작목반(031-575-1358)에서는 4월말까지 천마산에서 채취한 고로쇠 수액을 판매한다. 1.5ℓ 6,000원.

봉암성에서 남한산성으로 이어지는 호젓한 숲길. 봉암성과 한봉성 일대는 분위기 좋은 길이 많다.

한강 굽어보며 남한산성까지
걷고 또 걷자

하남 · 광주 검단산~남한산 종주

애니메이션 고교 ▶ 검단산 ▶ 용마산 ▶ 광지원리 ▶ 남한산성

산꾼 중에는 유독 종주 산행을 즐기는 사람들
이 있다. 걸을수록 잔잔하게 밀려오는 쾌감과
완주 후에 뿌듯한 성취감을 느끼기 때문이다.
수도권에서도 도봉산~북한산, 불암산~수락
산, 청계산~광교산, 운길산~예봉산 등 좋은
코스가 많다. 그 중 일명 '검용남'으로 불리는
검단산(657m)~용마산(596m)~남한산(522m)
종주 코스는 시종일관 이어지는 부드러운 능
선, 울창한 서어나무숲과 시원한 한강 조망,
남한산성의 외성인 봉암성과 한봉성의 쓸쓸
함이 어우러진 멋진 길이다. 흙길에서 올라오
는 봄기운을 가득 맞으며 원 없이 걸어보자.

서울 근교 산의 보물, 검단산

　　서울 근교 산 중에 하남 검단산은 매력 덩어리다. 백제 한성시대(기원전 18년~기원후 475년) 하남위례성을 수호했던 역사적 무게가 만만치 않고, 남한강과 북한강이 만나는 두물머리와 서울 풍광은 여느 산보다 장쾌하다. 북한산이나 도봉산처럼 악산(嶽山)이 아닌 육산이라 오르기 쉽고, 상대적으로 찾는 사람도 적어 호젓하다. 게다가 장거리 산꾼을 위해 남한산까지 이어진 능선을 품고 있어 고맙기 짝이 없다. 검단산에서 용마산을 넘어 남한산성 동문으로 내려오는 코스는 약 18㎞, 7시간쯤 걸린다. 검단산의 들머리는 창우동 버스종점인 애니메이션고교 앞이다. 학교 옆 골목으로 200m쯤 들어가면 베트남 참전 기념비와 등산로 안내판이 나온다. 잣나무와 밤나무가 많은 길을 지나면 구당 유길준(1856~1914) 묘소를 만난다. 유길준은 김옥균, 박영효 등과 함께 활동한 구한말의 대표적인

남한산성의 숨은 보물인 봉암성 암문

개화사상가로 일본과 미국에서 수학하고 돌아와 서구의 신문물을 널리 알리는데 기여했다.

묘소에서 능선을 올라붙어 가파른 된비알을 꾸준히 오르면 전망바위에 닿는다. 검단산을 통틀어 가장 전망이 좋은 곳이다. 북쪽으로 강 건너 예봉

산이 손에 잡힐 듯하고, 북서쪽으로 미사리에서 서울로 이어지는 한강의 유장한 흐름이 장관이다. 서울의 수호신인 북한산과 도봉산의 우락부락한 모습도 인상적이다. 동쪽으로 남한강과 북한강이 만나는 두물머리 풍경은 운길산 수종사보다 한 수 위다. 이어 억새밭을 지나면 널찍한 공터인 검단산 정상이다. 남쪽으로 가물거리는 용마산 능선을 바라보며 신발끈을 질근 동여 멘다.

팔당호 조망 일품인 용마산

산곡초교 이정표 방향으로 부드러운 능선을 20분쯤 밟으면 삼거리. 여기서 오른쪽으로 조금 내려와 벽곰약수터에서 수통을 채우고 다시 능선을 따른다. 서너 개 봉우리를 넘으면 고추봉. 정상 비석은 없고 119구조 안내판에 고추봉(582m)이라 적혀 있다. 다시 두어 개 봉우리를 넘으면 태극기가 힘차게 펄럭이는 용마산 정상이다. 동쪽으로 드넓은 팔당호 뒤로 정암산과 해협산, 그 너머 용문산의 첩첩 산줄기가 펼쳐진다.

용마산에서 15분쯤 더 가면 삼거리가 나오고, 길바닥에 박힌 돌에 은고개와 광지원 이정표가 그려져 있다. 이곳은 그냥 지나치기 십상이니 주위 깊게 봐야 한다. 여기서 어디로 가든 남한산으로 갈 수 있지만, 광지원으로 가는 것이 정석이다. 갈림길을 지나면 넓은 터를 잡은 권씨 묘소가 나온다. 묘소에서 20m쯤 내려가면 샘이 있다. 샘 주변은 숲이 우거지고 볕이 잘 드는 명당이다. 인적 없는 곳에 박새와 곤줄박이가 찾아와 노래를 들려준다.

다시 능선을 밟으면 감투바위. 봉우리에 큰 바위 하나가 덩그러니 놓여 있다. 감투바위 일대는 온통 서어나무가 빼곡하게 들어차 있다. 극상림의 대표적 수종인 서어나무가 많다는 것은 그만큼 숲이 건강하다는 뜻이다.

눈부신 폐허, 한봉성과 봉암성

감투바위에서 내려오면 오랜만에 만나는 이정표가 반갑다. '지원초교~광지원리' 방향을 따르면 43번 국도가 지나는 광지원리다. 버스정류장 옆 지하통로를 통해 국도를 건너면 남한산성으로 가는 308번 지방도를 만난다. 이어 '예당' 식당 건너편으로 이정표가 보이고, 다시 산길이 이어진다. 20분쯤 가파른 된비알을 오르면 노적산 정상. 이후 능선이 지루하게 이어지다 갑자기 오래된 성벽이 나타난다. 기어코 남한산성의 영역으로 들어선 것이다. 전혀 기대하지 않았던 참이라 반가움이 더욱 크다. 평지같이 부드러운 산성길을 따르면 한봉성을 알리는 이정표를 만난다. 한봉성(漢峰城)은 봉암성(蜂岩城)과 함께 남한산성을 보호하는 외성(外城) 중의 하나다.

벌봉에 올라서면 그동안 걸어온 검단산~용마산 능선이 시원하게 펼쳐진다. 두 발로만 저 먼 곳에서 왔다는 사실은 놀랍고 위대하다.

한봉성을 지나면 커다란 암문을 통해 산성 안으로 들어가고 이어 봉암성을 따르게 된다. 한봉성과 봉암성 일대는 옛 절터처럼 애잔한 분위기가 넘쳐나는 좋은 길이다. 이어 남한산성에서 가장 큰 바위인 벌봉에 올라서면 검단산과 용마산 줄기가 아스라이 펼쳐진다. 지나온 산줄기를 바라보는 맛은 종주한 사람만 느낄 수 있는 특권이다.

벌봉에서 호젓한 길을 따르면 동장대 암문을 통해 남한산성 안으로 들어오게 된다. 이제는 하산만 남았다. 장경사 신지옹성에서 저물어가는 산하를 바라보고, 느긋하게 내려오면 장경사와 동문을 차례로 만나면서 산행이 끝이 난다. 버스정류장으로 가는 길, 장경사의 범종 소리가 어둑어둑한 하늘에 긴 여운을 남긴다.

산길 친구

검단산~남한산 산길은 수도권에서 가장 좋은 종주코스다. 시종일관 흙길이 이어져 걷는 맛이 아주 좋지만, 거리가 먼 것이 흠이다. 산행 능력이나 당일 컨디션에 따라 검단산, 광지원리 등에서 산행을 마칠 수 있다

지도:
팔당대교
하남시청
안창모루
한강
애니메이션고
만남의광장
검단산
(657m)
중부고속도로
용마산
(596m)
남한산성 동문
광지원터널
광지원초교

가는 길과 맛집
경기도 하남시 신장동

교통
9301번 광역버스가 광화문 세종문화회관~서울역~남대문~종로~군자교~5호선 아차산역~천호역~상일동~창우동 애니메이션고교~산곡초교를 04:30~24:45분까지 8분 간격으로 왕복 운행한다. 잠실역에서 애니메이션고교 가는 341번 버스도 있다. 산행이 끝나는 동문에서 도로를 따라 5분쯤 오르면 산성 종로 로터리다. 여기서 지하철 8호선 남한산성입구역으로 나가는 9번 버스가 수시로 있다.

맛집
산성마을 안의 산성손두부(031-749-4763)는 두부요리와 만두전골을 잘하는 집으로 유명하다.

차유마을에서 해안길을 따르면 넓은 백사장이 펼쳐진 축산항을 만난다. 여기서 다리를 건너면 등대가 선 죽도산이다.

파도소리 친구 삼아
한없이 걷고 싶은 길

'영덕 블루로드' 대소산

차유마을 ▶ 축산항 ▶ 대소산 ▶ 괴시리 전통마을

'영덕 블루로드'란 말에 푸른빛 내뿜으며 일렁
거리는 바다가 떠올랐다. 수려한 해변과 야트
막한 언덕이 절묘하게 어울릴 것이란 예감은
적중했다. 영덕의 산과 바다를 아우르며 50㎞
이어진 블루로드는 기암괴석의 갯바위와 드
넓은 해수욕장, 묵은 이색 유적지 등 청정 자
연과 문화유산이 한바탕 어우러진다. 그중 가
장 아름다운 코스는 대게 원조마을인 차유에
서 대소산까지 이어진 길이다.

산행 도우미
▶ 걷는 거리 : 약 9㎞
▶ 걷는 시간 : 4~5시간
▶ 코　　스 : 차유마을~축산항
　　　　　　~대소산~괴시리
　　　　　　전통마을
▶ 난 이 도 : 무난해요
▶ 좋을 때 : 봄, 가을에 좋아요

전망 좋은 대소산 봉수대에서 본 아담한 축산항. 영덕 블루로드는 등대가 보이는 죽도산 오른쪽 해안길을 따라 이어진다.

작고 아담한 포구, 대게 원조마을 '차유'

전국을 휩쓴 걷기 열풍이 점입가경이다. 문화체육관광부와 한국관광공사에서도 '이야기가 있는 문화생태탐방로'를 만들었다. 전국 7개 코스로 길이는 340km에 이른다. 경북 영덕에서 강원도 삼척까지 이어지는 '동해 트레일' 74km도 그 안에 속해 있다. 동해 트레일의 영덕 구간인 블루로드는 강구항에서 시작해 고래불해수욕장까지 약 50km 이어진다. 그 길을 2박 3일 동안 걸었다. 마치 싱싱한 학꽁치가 되어 영덕의 푸른 바다를 실컷 헤엄친 기분이다. 그 중 추천하고 싶은 아름다운 코스는 차유마을에서 축산항까지 해변을 걷고, 대소산을 올라 목은 이색 생가로 내려오는 길이다. 거리는 약 9km, 4시간 30분쯤 걸린다.

출발점인 차유마을은 대게 원조마을로 유명하지만, 손바닥만한 포구를 품은 소박한 어촌 마을이다. 마을 입구 해변에는 대게의 원조임을 알리는 비

대게 원조마을인 차유마을

언덕에서 내려다본 강구항

석과 대게 형상의 해학적인 장승이 서 있다. 고려시대부터 이곳에서 잡은 게의 다리가 마치 대나무 마디를 닮았다 하여 대게라고 불리기 시작했다.

"이렇게 추운 날 바다에서는 영하 20도가 넘어요."

작은 배 서너 척이 정박한 포구에는 화톳불을 피우고 노부부가 그물을 손질하고 있었다. 아저씨 성함은 김돌산. 40년 넘게 바다를 일터 삼아 생계를 꾸려왔다.

"게 맛 아는 사람은 이곳 대게를 최고로 친다 아닙니까. 다른 곳보다 값도 비싸요."

무심코 지나쳤던 영덕의 작은 포구들에는 김돌산 아저씨처럼 늙은 어부들의 애환이 깃들어 있었다.

언덕 비탈에 총총히 자리잡은 마을을 지나 본격적으로 해안길에 오른다. 이 길은 도로와 산으로 나뉘어 있기 때문에 조용하고 자연에 가까운 길이다. 허연 파도가 몰려와 해안을 연달아 때리지만, 절벽은 요지부동이다. 푸른 바다, 검은 돌, 부서진 흰 파도가 어울려 기막힌 풍경을 빚어낸다.

삼면이 산으로 둘러싸인 축산항

축산항이 가까워지자 갯바위와 해안 절벽 사이에는 작은 모래사장이 숨어 있다. 여름철이라면 그대로 옷을 훌훌 벗고 뛰어들면 좋겠다. 축산항의 상징인 죽도산이 점점 다가오더니 어느덧 코앞이다. 수백 년 동안 이곳의 작은 대나무는 화살로 쓰였다. 해안에서 죽도산으로 이어진 길에는 커다란 다리를 놓고 계단을 만들었다. 나무 데크를 놓은 죽도산 산책로는 소문처럼 절경의 연속이었다. 축산항은 강구항에 비해 알려지지 않았지만,

삼면이 산으로 둘러싸여 포근하고 백사장과 포구를 두루 갖춘 멋진 곳이다. 축산항 버스정류장 뒤편의 야산으로 올라붙으면 산길이 시작된다. 월영정 정자터를 지나면 솔숲 우거진 능선길이 이어진다. 30분쯤 지나니 하늘이 열리며 대소산(282m) 봉수대가 나타난다. 대소산은 인근에서 가장 높은 곳으로 조선 초기의 봉수대가 거의 그대로 남아 있다. 봉수대 앞에서 뒤를 돌아보니, 전망이 기막히다. 아담하고 예쁜 축산항 오른쪽으로 차유마을, 석리, 그리고 멀리 풍력단지까지 블루로드의 해안선이 한눈에 펼쳐진다. 반대쪽으로는 영해가 낙동정맥을 병풍처럼 두르고 있고, 멀리 울진 후포가 아스라하다.

주세붕과 목은 이색이 올랐던 망일봉

강구항은 영덕 대게의 집산지로 유명하다. 노천 시장에서 게를 파는 영덕 아가씨

봉수대에서 내려와 한동안 능선을 따르면 느닷없이 정자가 앞을 막는다. 망일봉(152m)으로 예전 선비들이 일출을 즐기던 곳이다. "밀려오던 물결 소리/수레바퀴 구르는 소리처럼/땅 뿌리를 쪼개누나…/만약 겨드랑이에 날개 생겨날 수 있다면/아득히 먼 만장 구름 위로 한 번 날아 보련만." 안내판에 적힌 주세붕의 〈망일봉〉 시를 읽어보니 절로 호연지기가 느껴진다. 정자 뒤로 세찬 바람이 할퀴는 망망대해를 날고 싶은 마음이 굴뚝같다. 망일봉을 내려와 구름다리를 건너면 목은 이색 등산로가 이어진다. 지루하게 이어지는 산길이 끝나는 지점에 고려문학을 대표하는 목은 이색 생가터와 기념관이 서 있다. 기념관을 내려오면 고택 30여 채가 잘 보존된 괴시리 전통마을이다. 필자가 소개한 블루로드는 여기서 끝나지만, 길은 목은 이색이 고래들이 하얀 분수를 뿜으며 노는 것을 보고 이름 붙인 고래불해수욕장까지 쭉 이어진다.

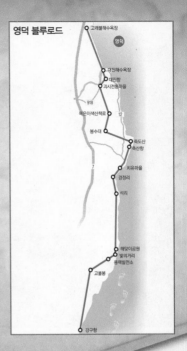

영덕 블루로드

고래불해수욕장
영덕
대진해수욕장
대진항
괴시전통마을
918
묵은아색산책로
12
봉수대
죽도산
축산항
치유마을
경정리
석리
해맞이공원
빛의거리
풍력발전소
고불봉
강구항

산길 친구

동해 트레일 중 영덕 블루로
드는 강구항에서 고래불해
수욕장까지 약 50km 이어진
다. 전 구간을 주파하려면 2
박 3일 걸린다. 1박 2일 일정
이라면 차유마을에서 하룻밤을 보내는 일정을 짜는 것
이 좋다. 1코스는 강구항~고불봉~풍력단지~창포등대
6시간쯤 걸린다. 2코스는 창포말등대~석리~차유마을
~축산항 5시간쯤, 3코스는 축산항~대소산~괴시리전
통마을~고래불해수욕장 6시간쯤 걸린다. 영덕 블루로
드 문의는 영덕군청 문화관광과 054-730-6392.
여기에 소개한 코스는 영덕 블루로드 중에서 걷기 좋
고 풍광 빼어난 구간을 뽑은 것이다. 대소산에서 괴시
리 전통마을까지는 좀 지루하고 길다. 아이들과 함께라
면 대소산에서 다시 축산항으로 내려오는 것도 괜찮다.

가는 길과 맛집
경상북도 영덕군 축산면 도곡리

교통
자가용은 중앙고속도로 서안동 나들목으로 나온다. 안동에서 영덕까
지 1시간이 좀 넘는다. 대중교통은 동서울종합터미널(1688-5979)에
서 07:00~17:00, 하루 8회 운행한다. 영덕까지 4시간 20분쯤 걸린다.
영덕에서 강구항 가는 버스는 수시로 있다. 영덕에서 해안을 따라 석
리, 차유, 축산을 운행하는 버스는 08:00 09:30 11:00 13:10 14:30 16:30
17:20 18:20에 있다. 하산 지점인 괴시리에서 영해까지 10분 걷는다. 영
해택시 054-732-0358.

맛집
차유마을 돌산횟집(054-732-9550, 같은 이름의 식당 두 곳 중에서 작
은 집)의 자연산 물가자미(이곳 사투리로 미주구리) 막회와 대게찜이
별미다. 축산항에서는 주민들이 애용하는 백반집 실비식당(054-732-
4042)은 점심 먹기에 좋다.

'무덤이들'로 불리는 평사리 들판. 만석지기 두엇은 능히 낼 만한 이 넉넉한 들판이 대하소설 『토지』의 든든한 배경이 되었다.

향기로운 흙길, 꽃길 따라
소설 『토지』 속으로

하동 '섬진강을 따라가는 토지길'

평사리 공원 ▶ 무덤이들 ▶ 고소성 ▶ 최참판댁 ▶
조씨고택

지리산 맑은 계곡으로 몸집 불린 섬진강이 하동 포구 80리를 이루는 악양면 평사리. 박경리 선생은 섬진강과 지리산이 어우러진 평사리를 무대로 4대에 걸친 만석꾼 가문의 이야기를 실처럼 풀어냈다. '섬진강을 따라가는 토지길'은 소설 『토지』의 무대를 굽이굽이 스며들며 우리 할아버지와 어머니가 살아온 이야기를 들려준다.

산행 도우미

▶ 걷는 거리 : 약 10㎞
▶ 걷는 시간 : 4~5시간
▶ 코 스 : 평사리 공원~무딤이들
        ~고소성~최참판댁~
        조씨고택
▶ 난 이 도 : 무난해요
▶ 좋 을 때 : 봄, 가을에 좋아요

　　　1960년대 말 박경리 선생은 우연히 하동 악양면을 지나다 드넓은 평사리 들판을 발견한다. 마침 저자는 경상도 땅에서 작품의 무대를 찾던 중이었다. 만석꾼 토지란 전라도 땅에나 있고 경상도 쪽에서는 생각도 못했던 저자는 '옳다구나' 무릎을 쳤다.

'섬진강을 따라가는 토지길'(이하 토지길)은 현대문학 100년 역사상 가장 훌륭한 소설로 손꼽히는 대작 『토지』의 무대를 밟아가는 길이다. 『토지』는 하동군 악양면 평사리의 대지주 최씨 가문의 4대에 걸친 비극적 사건을 다루면서 개인사와 가족사뿐 아니라 우리 민족역사, 풍속, 사회사를 모두 담고 있다. 이 책에서 소개하는 토지길은 평사리 공원에서 시작해 평사리 들판~동정호~고소성~최참판댁~조씨고택~취간림~악양루를 거쳐 다시 공원까지 돌아오는 코스다. 토지길의 시작은 예전 개치나루터인 섬진강 평사리 공원은 모래톱이 넓게 펼쳐진 곳이고, 그 옆으로 이어진 19번 국도는 우리나라에서 가장 아름다운 도로로 꼽힌다. 4월 초순이면 섬진강을 따라 벚꽃이 눈처럼 흩날린다. 평사리 공원에서 사람들은 대개 반짝이는 강물의 유혹을 이기지 못하고 백

고소성은 평사리와 섬진강 일대 최고의 전망대다. 평사리 들판과 백운산의 옆구리를 낀 섬진강이 유장하게 흘러간다.

사장으로 내려간다. 섬진강에서 손을 씻고 올라와 도로를 건너면 길은 평사리 들판으로 이어진다. '무딤이들'로 불리는 들판은 무려 83만 평(약 27.4 ㎢)으로 소설 『토지』가 이곳에 자리잡는데 결정적인 역할을 했다. 만석지기 두엇은 능히 낼 만한 이 넉넉한 들판은 4대에 걸친 만석지기 사대부 집안의 이야기가 전개되는 모태가 된 것이다.

이정표를 따라가다 보면 들판 가운데 소나무 두 그루가 다정하게 선 부부송이 보인다. 들판에는 푸릇푸릇한 보리가 쑥쑥 자랐다. 아직 꽃샘추위가 기승을 부리지만, 보리는 싱그러운 연초록빛으로 봄기운을 담뿍 전해준다. 부부송 주변은 매화밭이고 그 가운데에 무덤이 자리 잡았다. 무덤 뒤로 성제봉(형제봉, 1,115m)이 두 팔을 벌려 평사리와 악양면 일대를 포근하게 감싸고 있다. 부부송을 지나면 작은 호수인 동정호. 공사 중인 호수를 스쳐 지나면 평사리 최참판댁 입구 삼거리다. 여기서 우선 한산사 방향으로 오른다. 평사리 최고 전망대인 고소성을 들르기 위해서다.

별당 아씨와 구천이의 야반도주

한산사 뒤로 난 오솔길을 따라 20분쯤 오르면 잘 복원된 고소성에 닿는다. 성벽에 올라서면 평사리 들판과 섬진강이 시원하게 펼쳐진다. 소나무 아래 배낭을 내려놓고 원 없이 조망을 즐긴다. 고소성에서 계속 산길을 걸으면 성제봉을 거쳐 지리산으로 들어간다.

『토지』에 등장하는 인물들이 엮어 가는 사랑의 유형은 색동저고리처럼 각양각색이다. 최참판댁 윤씨 부인과 동학의 접주 김개주의 '증오의 사랑', 용이와 월선네의 '불륜의 사랑', 귀녀를 향한 강포수의 '지고지순한 사랑', 구천이와 별당 아씨의 '근친의 사랑' 등등…. 그중에서 가장 파격적인 것은 별당 아씨와 머슴이자 최치수의 이복동생인 구천이의 사랑이다.

두 사람은 달도 뜨지 않은 어느 밤 지리산으로 야반도주했다. 별당 아씨가 양반이라는 신분과 딸 서희를 모두 버리고 오직 사랑을 택한 것이 너무도 의외였다. 그들이 도주한 길이 고소성에서 지리산으로 이어진 길이다. 신분과 근친의 한계를 뛰어넘고자 한 그들의 용기와 사랑은 눈부시게 아름답지만, 그들의 앞날은 험난하기만 했다.

최참판댁 실제 모델 조씨고택

최참판댁을 나와 조씨고택으로 가는 길은 온통 매화밭이 펼쳐진다.

고소성에서 성제봉 방향으로 작은 봉우리를 넘으면 최참판댁으로 내려가는 산길을 만난다. 슬슬 산비탈을 타고 내려오면 드라마 〈토지〉의 촬영지인 최참판댁이다. "수동아~ 밖에 누가 오셨느냐!" 사랑채에서 신경질적인 목소리의 최치수가 금방이라도 나올 것만 같고, 별당에서는 매화 꽃향기를 맡던 서희가 고개를 돌려 쳐다볼 것 같다. 주민들이 살던 초가집들을 둘러보면서 용이, 임이네, 월선, 김훈장, 두만네 등 드라마의 속 인물들을 떠올리는 재미가 쏠쏠하다.

사랑채 뒤로 세트장을 빠져나오면 길은 마을 농로로 이어진다. 이제는 최참판댁에서 조씨고택(조부잣집)으로 가는 길이다. 조씨고택은 최참판댁의 실제 모델로 대대로 평사리의 만석꾼 집안이다. 길에서 꽃향기가 진동한다. 길은 녹차밭과 매화밭 사이를 물결 치듯 타고 돈다. 토지길이 아니라면 만날 수 없는 보석 같은 길이다. 대촌마을에서 작은 고개를 넘어 정서마을, 다시 고샅길을 돌아 상신마을의 조씨고택에 이른다. 10여 년 전 뵀던 고택 주인장 조한승 할아버지는 여전히 건강했고, 반갑다며 주전자에 끓인 녹차를 내왔다. 조씨고택은 어마어마한 식솔과 넘쳐나는 손님들로 늘 밥 짓는 연기가 끊이지 않았고, 집에서 나오는 쌀뜨물 때문에 섬진강이 뿌옇다는 말이 나올 정도였다. 하지만 과거 만석꾼의 자취는 거의 남아 있지 않았다. 어느덧 할아버지의 얼굴에는 쓸쓸함이 검버섯처럼 피어 있었다.

조씨고택을 나오면 500년 나이를 자랑하는 향나무가 선 취간림. 나무 아래서 쉬는 주민 틈에서 잠시 휴식시간을 갖는다. 취간림에서 내려와 평사리 들판을 가로지르면 다시 섬진강 평사리 공원이다. 토지길은 평사리 공원에서 다시 화개를 거쳐 쌍계사와 불일폭포까지 이어진다.

산길 친구

토지길 1코스는 토지의 무대를 따라 평사리 공원~평사리 들판~동정호~고소성~최참판댁~조씨고택~취간림~악양루~섬진강변~화개장터까지 18km, 2코스는 평사리 공원~화개장터~십리 벚꽃길(혼례길)~쌍계사~불일폭포~국사암까지 13km, 총 31km 이어진다. 전 구간 주파하려면 쌍계사 근처 숙소에서 1박 하는 것이 좋다. 이 글에서는 『토지의 무대를 중심으로 좋은 구간을 뽑았다. 토지길 문의는 한국문인협회 하동지부 055-882-2675.

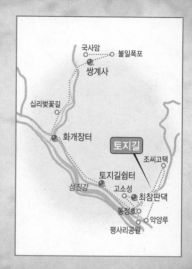

가는 길과 맛집
경상남도 하동군 악양면 평사리

교통
자가용은 남해고속도로 진교 나들목으로 나와 하동으로 향한다. 대중교통은 서울남부터미널(02-521-8550)에서 화개, 하동행 버스가 07:30~19:30까지 7회 다닌다. 화개에서 쌍계사행 버스는 07:00~21:10까지 대략 1시간 간격으로 있다. 화개에서 평사리 공원까지는 대중교통이 없어 택시를 이용한다. 화개 개인택시(김준선 기사) 055-883-2332, 011-877-1889.

맛집
쌍계사 입구의 단야식당(055-883-1667)은 스님들이 1년에 한두 번씩 별미로 먹었다는 사찰국수(6,000원)로 유명한 집이다. 인공조미료를 사용하지 않고 들깻가루와 버섯 등을 재료로 하고 국수는 메밀로 만든다. 매화 고목이 있는 아담한 정원과 주인아주머니의 정갈함도 인상적이다.

왕벚나무가 흐드러지게 핀 안산은 산길을 걸으며 호젓하게 꽃구경을 할 수 있다.

가족 나들이 좋은
숨은 벚꽃 명소

서울 안산 벚꽃길

서대문구청 ▶ 벚꽃 광장 ▶ 봉수대 ▶ 서대문구청

"어디 호젓한 벚꽃길이 없을까?"

여의도 윤중로에서 벚꽃 구경하다 사람들에

치여 본 사람이라면 누구나 해봤을 생각이다.

서울에서 벚꽃 좋은 곳은 윤중로뿐만 아니라

남산, 서울대공원, 중랑천, 석촌호수 등이 있

다. 하지만 이러한 벚꽃 명소 역시 넘쳐나는

사람들로 번잡함을 피할 수 없다. 부드러운 산

길을 걸으며 호젓하게 벚꽃을 감상하고 싶은

사람에게는 서대문구의 안산(鞍山, 295.9m)을

추천하고 싶다.

안산은 북한산, 관악산, 인왕산 등에 가려 빛을 보지 못하지만, 조선왕조의 한양 천도 과정에서는
무악주산론(毋岳主山論)이 강력하게 떠오르기도 했다.

무악주산론 대 북악주산론

안산의 왕벚나무들은 4월 10일경이면 서대문구청 뒤쪽의 벚꽃
광장과 산 중턱에서 일제히 꽃을 피워 산을 화사하게 물들인다. 벚꽃 광
장을 들머리로 부드럽고 순한 안산을 한 바퀴 돌면서 찬란한 봄날의 행복
을 만끽해보자.

서울 서대문구에 자리 잡은 안산은 무악재를 사이에 두고 인왕산과 마주
보는 산으로 예전 이름은 무악이다. 서울의 명산인 북한산, 관악산, 인왕
산 등에 가려 빛을 보지 못하지만, 조선왕조의 한양 천도 과정에서는 무
악주산론(毋岳主山論)이 강력하게 떠오르기도 했다. 하륜이 제시한 무악주
산론은 무악을 주산으로 하자는 것인데, 그렇게 되면 지금의 연희동과 신

촌 일대가 궁궐터가 되었을 것이다. 하지만 조선의 경복궁은 정도전이 주장한 북악주산론(北岳主山論)에 따라 지금의 자리에 건설된다. 그리고 북악산, 인왕산, 남산, 낙산을 따라 도성을 쌓으며 안산은 사대문 밖으로 밀려나게 된다.

안산으로 오르는 길은 북아현동, 홍제동, 홍은동, 연희동, 현저동 등을 들머리로 등산로가 거미줄처럼 많다. 하지만 벚꽃이 집중적으로 몰려 있는 곳은 서대문구청 뒤편이므로 이곳을 들머리로 전망 좋은 봉수대까지 올랐다가 원점회귀하는 코스가 좋겠다.

서대문구청 왼쪽 도로를 따라 5분쯤 올라가면 왼쪽으로 벚꽃 광장을 만난다. '서울에 이렇게 좋은 벚꽃길이 있을까?' 하는 생각이 들 정도로 나무들도 굵고, 꽃들이 풍성하다. 게다가 주로 찾는 사람들이 동네 주민들이라 어느 벚꽃 축제보다 호젓하게 꽃구경을 할 수 있다.

천천히 벚꽃 터널을 따르면 은은한 꽃향기가 가득하고 고개를 들면 잉잉거리는 왕벌들의 날갯짓이 분주하다. 지나는 사람들 얼굴에는 함박웃음이 피어있고, 꽃그늘 아래 가족이 둘러앉아 김밥을 나누어 먹는 모습이 정겹다. 그 풍경 속을 걷다 보면 살아 있다는 행복감에 가슴이 뭉클해져 온다.

벚꽃길이 끝나면 본격적으로 산길이 시작되지만, 곧 도로를 만난다. 이 도로는 안산을 한 바퀴 도는 순환도로인데, 차량 통행을 금지해 시민들의 산책길로 이용되고 있다. 도로를 벗어나 산길을 따르면 개나리가 지천으로 핀 계단이 나오고 곧 연흥약수터에 닿는다. 안산의 좋은 점 중의 하나가 약수다. 산 곳곳에 무려 22곳의 약수터가 있다. 이곳에서 산길은 크게 두가지. 봉수대가 가까운 능선길과 산비탈을 부드럽게 타고 도는 산허리길인데, 능선길 따라 봉수대에 올랐다가 산허리길로 내려오는 것이 정석이다.

메타세콰이어 산책길

메타세쾨이어 나무가 하늘을 찌르는 능선을 15분쯤 오르면 봉수
대에 닿는다. 마치 거대한 포탄을 세워놓은 듯한 이곳 봉수대의 본래 이름
은 무악 동봉수대지(毋岳 東烽燧臺址)다. 조선시대 봉수체제가 확립되었던 세
종 24년(1438)에 무악산 동·서에 만든 봉수대 가운데 동쪽 봉수대터다. 평
안북도 강계에서 출발해 황해도와 경기도 내륙을 따라 고양 해포나루를 거
쳐온 봉수를 남산에 최종적으로 연락하는 곳이었다. 그동안 터만 남아 있
던 것을 1994년에 자연석을 사용해 현재의 모습으로 복원하였다.

지금의 봉수대는 봉화를 올리지 못하지만, 이곳에서 바라보는 조망은 기
가 막히다. 북동쪽으로 인왕산이 우뚝하고 그 너머로 북한산 비봉능선이
하늘을 찌르고 있다. 서쪽으로는 한강이 휘어져 서해로 흘러가는 모습이
시원하고, 서울 시내가 손금 들여다보듯 훤하다.

봉수대에서 내려오면 큰 정자가 세워진 무악정이 나온다. 무악정에서 산허
리를 둘러내려오는 길을 따르면 곧 옥천약수가 나오고, 이어 벚나무들이
늘어선 꽃길을 지난다. 한적한 산길에 늘어선 벚꽃 터널은 사람을 그냥 지
나치도록 두지 않고 그 아래 벤치에서 숨을 고르게 만든다. 여기서 300m
쯤 가면 올라오면
서 보았던 메타세
쾨이어 숲을 만나
게 된다. 하산은
벚꽃 광장에서 마
무리된다.

벚꽃과 행복한 시간을 보내는 가족들

산길 친구

안산은 벚꽃도 좋지만, 봉수대에서 보는 서울 시내 조망도 일품이다. 느긋하게 꽃구경하며 산을 둘러보는 것이 좋다. 벚꽃 군락지는 벚꽃 광장과 옥천약수 일대 두 곳이다. 서대문구청에서는 매년 4월 10일 전후 벚꽃 만개 시기에 안산 벚꽃길 걷기대회를 연다.

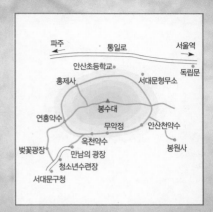

가는 길과 맛집
서울특별시 서대문구 연희동

교통
지하철 3호선 홍제역 3번 출구로 나와 7738, 7739 버스를 타면 산행 들머리인 서대문구청으로 간다.

맛집
서대문구청과 보건소 사이 골목으로 100m쯤 들어가면 나오는 일화성(02-333-2011)이 맛집이다. 화교가 운영하는 곳으로 탕수육, 해물 누룽지탕 등을 잘한다. 서대문구청 뒤의 아미산(02-322-5617)은 삼선짬뽕이 일품이다.

유채꽃이 지천으로 피어난 우도봉의 부드러운 품. 우도는 유채꽃 피는 4월 중순이 가장 좋다.

제주의 원형을 간직한
소처럼 착한 섬

제주 우도 우도봉

자전거와 걷기로 우도 한 바퀴

제주 성산포 앞바다에 떠있는 우도는 이름 그대로 소섬이다. 섬의 형태가 소가 드러누웠거나 바다로 머리를 내민 모습과 같다고 하여 우도라 불린다. 우도는 제주도가 거느리는 62개의 새끼 섬 중에서 가장 크다. 그래 봤자 면적 5.9㎢(650ha, 196만 평), 남북의 길이 3.5km, 동서로 2.5km밖에 되지 않는다. 해안선 길이는 모두 합해서 17km. 이렇듯 크기는 작아도 '가장 제주다운 풍경을 간직한 옹골찬 섬'이라는 찬사를 받는다.

갯무꽃 너머로 보이는 우도봉. 왼쪽 멀리 우도 등대가 보인다.

숨비소리 들리는 해녀들의 섬

우도를 제대로 보려면 느리게 다녀야 한다. 하지만 대부분의 관광객들은 자가용이나 관광버스에 올라 포인트만 찍고 두세 시간만에 섬을 빠져나간다. 이런 수박 겉핥기식 여행에서 벗어나야 우도의 속살을 만날 수 있다. 가장 좋은 방법은 자전거로 섬을 한 바퀴 돌면서 우도봉은 걸어서 느긋하게 감상하는 것이다.

성산항에서 배를 타면 15분 만에 우도 서광리 하우목동항에 닿는다. 배에서 내리면 우도 마을버스가 기다리고 있고, 그 옆에 자전거 대여소가 보인다. 여기서 자전거를 빌려 왼쪽 해안길을 선택해 출발한다. 우도는 경사가 완만한 시계 방향으로 한 바퀴 도는 게 힘이 덜 든다. 길은 짙푸른 바다를 왼쪽에, 현무암을 쌓아 만든 검은 돌담을 오른쪽에 두고 있다. 그 사이로 힘껏 페달을 밟으면 청량한 바닷바람이 온몸을 어루만진다.

서광리에서 우도의 가장 북쪽인 오봉리로 가는 길에는 푸른 잉크를 풀어낸 듯 넘실대는 바다에서 해녀들이 연신 물질을 하고 있다. 자맥질을 하고 올라와서 길게 내뱉는 숨비소리가 파도 소리를 뚫고 들려온다. 마침 길에서 한 무리의 해녀들을 만났다. 망태기 짊어지고 무거운 납벨트를 두른 채 구부정한 허리로 발걸음을 옮기는 늙은 해녀들. 안타깝게도 대부분 60~70대의 노인들이었다. 짧은 인사를 나누자마자 마른 쑥으로 물안경을 닦더니, 아무 주저함 없이 거친 파도를 향해 차례대로 뛰어들었다. 헤엄칠 때 필요한 도구인 '태왁' 하나에 의지해 거센 파도 속으로 나아가는 모습은 정말로 감동적이었다.

용암이 굳은 현무암 돌담이 유독 많은 오봉리는 배우 전도연이 주인공으로 나왔던 영화 〈인어공주〉 촬영지로 유명하다. 영화에서 돌담 너머로 펼쳐진 싱그러운 바다풍경이 인상적이었다. 구멍 숭숭 뚫린 돌담 안에선 해풍을 맞으며 우도 특산물인 마늘, 땅콩 등이 쑥쑥 자라고 있다.

오봉리에서 오른쪽으로 모퉁이를 돌면 하고수동이다. 관광객들은 우도 최고 절경으로 산호사 해수욕장을 꼽지만, 우도 사람들은 하고수동 해수욕장을 으뜸으로 친다. 두 곳 모두 에메랄드빛 해변이 압권이지만 하고수동의 백사장이 넓고 물이 얕아 놀기에 좋다.

하고수동에서 다시 해안길을 따르면 우도봉 동쪽 아래 깎아지른 벼랑을 만난다. 벼랑 아래에 검은 모래가 깔린 검멀래 해변이 있다. 모래사장으로 내려오면 일명 콧구멍굴이라 불리는 큰 동굴로 들어갈 수 있다. 이곳이 우도 8경 중 하나인 동안경굴(東岸鯨窟)이다. 파도

몰디브가 부럽지 않은 하고수동해수욕장

가 뚫어놓은 이곳은 '고래가 살 수 있을 만큼 큰 동굴'이라 가끔 동굴음악회도 열린다. 우도봉(133m)은 이곳에서 오르는 것이 좋다. 본래는 천진항 앞에서 들어가는 것이 메인 코스지만 경사가 급하다. 그래서 자전거를 이용할 경우에는 좋지 않다. 동굴밥상 리조트 앞에 자전거를 세워 두고 10분 정도 오르면

드넓은 초원이 펼쳐진다. 시원한 초원길을 따르면 곧 하얀 등대가 나타난다.

100주년 기념 등대가 세워진 우도봉

우도 등대는 돔형의 탑으로 1906년 3월 1일 불을 밝히기 시작했다. 옛 등대는 100년간의 임무를 완수하고 퇴역했다. 그 옆에 손자뻘인 16m 높이의 100주년 기념 등대가 서 있다. 등대 1층에는 우도등대와 세계 각국의 등대 모형이 전시된 등대박물관이 있다.

등대가 서 있는 자리에서 전망이 기막히게 트인다. 이곳에서 내려다보는 망망대해가 우도8경 중 지두청사(地頭靑莎)다. 고개를 돌리면 우도의 여러 마을과 들녘뿐만 아니라, 바다 건너 왕관을 쓴 듯한 성산일출봉과 멀리 한라산까지 시야에 들어온다. 우도봉의 가장 높은 곳은 군부대가 들어섰기에 아래쪽으로 우회해 반대편 언덕으로 올라선다. 이곳부터는 천연 잔디가 깔려 개

우도 오봉리에서 만난 해녀들. 우도는 해녀들의 숨비소리가 들리는 가장 제주다운 섬이다.

구쟁이들은 신나게 굴러서 내려간다. 펑퍼짐한 우도봉의 품은 부드럽고 포근하지만 바다를 맞댄 곳은 까마득한 벼랑이다.

우도봉에서 내려와 자전거를 타고 언덕을 넘으면 천진항에 이른다. 천진항부터는 길이 순해 콧노래가 절로 나고, 우도8경 중 최고로 손꼽히는 서빈백사(西濱白沙) 즉, 산호사 해수욕장이 나타난다. 자전거는 산호사 해수욕장을 끝으로 하우목동항으로 돌아오게 된다. 우도를 떠나려고 배를 기다리는데, 서광리 해변에서 나지막이 숨비소리가 들려온다. 아직 해녀들의 물질은 끝나질 않았다.

산길 친구

2009년 5월에 연평리에서 시작하는 우도올레 1-1코스가 개장했다. 걸어서 우도를 한 바퀴 도는데 16.1㎞, 4~5시간쯤 걸린다. 걸어도 좋고, 필자가 소개하는 것처럼 자전거를 타고 돌면서 우도봉을 다녀와도 좋다.

가는 길과 맛집

제주특별자치도 제주시 우도면 연평리

교통

제주시외버스터미널(064-753-1153)에서 동회선 일주버스(05:40~20:50, 약 20분 간격)를 타고 성산항 입구에 내려 10분쯤 걸으면 성산항에 닿는다. 제주공항에서 택시를 탈 경우는 성산항까지 우도 콜택시(080-725-7788)를 이용한다. 공항→성산항 1만 7,000원, 성산항→공항 2만 2,000원. 일반 택시 미터요금으로는 3만 원 안팎이 든다. 성산항→우도는 08:00~18:00 매시 정각 출발한다. 성산항여객터미널 064-782-5671.

맛집

청진동항 앞 우도일번지(064-783-0015)는 해물뚝배기와 성게국수를 잘 한다. 소광리의 소선반점(064-782-5683)은 해물짬뽕이 유명하다.

500살이 넘은 수종사 은행나무 앞에 앉으면 시간은 강물처럼 느릿느릿 흘러간다.

연둣빛 강물이 흐르는
두물머리

남양주 운길산

운길산역 ▶ 정상 ▶ 수종사 ▶ 진중2리 ▶
운길산역

진달래와 산벚꽃이 떨어질 무렵이면 산은 연

둣빛으로 부풀어 오른다. 나무와 땅에서 솟

아난 연하디연한 새순들의 마법이다. 신록들

이 뿜어내는 광채만큼 경이롭고 아름다운 것

이 또 있을까. 신록은 어느 산에서나 볼 수 있

지만, 두물머리를 바라보는 운길산(610.2m)을

찾으면 강물과 신록이 어울린 싱그러운 풍경

을 만날 수 있다.

자연체험을 나온 아이들 뒤로 운길산의 신록들이 연둣빛 광채를 뿜어낸다.

서울 근교산의 스타로 떠오른 운길산

　　최근 운길산을 찾는 사람들이 폭발적으로 늘어났다. 2008년 말부터 중앙선 복선전철이 국수역까지 뚫리면서 접근성이 좋아졌기 때문이다. 그동안 서울시민에게 운길산은 교통 체증으로 인해 짧은 거리에 비해 멀게 느껴졌다. 하지만 이제는 국철 1호선 분기점인 회기역에서 산행 들머리인 운길산역까지 불과 35분이면 도착할 수 있다.

운길산은 뭐니뭐니해도 북한강과 남한강이 만나는 두물머리 풍경이 빼어난 수종사가 유명하다. 절 안에 세조가 심었다고 전해지는 500년이 넘은 은행나무도 좋고, 초의선사부터 내려온 차 맛도 기막히다. 산행 코스는 최근에 개발된 능선길을 따라 정상에 올랐다가 수종사를 둘러보고 내려오는 길이 좋다.

운길산역을 빠져나와 오른쪽 길을 따르면 굴다리를 지나 진중2리 마을이 나온다. 이곳은 딸기, 돌미나리, 부추 등의 유기농 작물을 재배하는 마을로 운길산의 품에 포근하게 들어앉았다. "전철이 생겨 어디 댕기기 좋아졌어. 사람들도 많이 찾아오고. 아이고, 저 귀여운 것들." 지팡이 짚고 산책나온 할아버지의 얼굴에서는 흐뭇한 미소가 가득하다. 줄 맞춰 걸어가는 아이들 앞으로 신록이 팽팽하게 차오른 운길산이 우뚝하다.

아이들 체험학습장인 초록향기 농원을 지나자 '운길산 2.4㎞' 이정표와 "병든 아내가 해진 치마를 보내왔네. 천 리 먼 길 애틋한 정을 담았네"로 시작하는 정약용의 시 〈하피첩〉이 적혀 있다. 시를 감상하고 농로를 따르면서 산행이 시작된다. 작은 계곡으로 들어서자 아이의 손같이 생긴 생강나무와 떡갈나무 잎들이 발길을 붙잡는다. 어리고 작은 것들이 참으로 예쁘다. 계곡이 끝나면서 길은 한동안 산비탈을 비스듬히 오르다 능선길을 만나게 된다. 물오른 새순들과 연분홍빛을 담뿍 머금은 철쭉 꽃봉오리를 구경하며 지루한 능선을 헤쳐나간다. 그렇게 30분쯤 오르면 주능선의 헬기장으로 올라붙는다.

헬기장에서 10여 분 더 오르면 운길산 정상이다. 정상에서는 한강이 넘실거리고 서울의 수호신인 북한산과 도봉산의 마루금이 장관이다. 수도권에서 운길산만큼 빼어난 전망을 가진 봉우리도 드물다. 정상에 새로 설치한 나무 데크에서 한숨 돌리고 하산길에 오른다. 올라온 길을 되짚어 헬기장을 지나면 수종사로 내려서는 길이 나온다. 급경사 돌계단을 조심조심 내려서니 수종사 불이문이다. 이곳에서 약수를 한 잔 들이켜며 마음을 다잡고 수종사에 오른다.

운길산역에서 본 운길산

꽃과 잎이 함께 되는 연분홍 철쭉

초의선사, 김정희, 정약용이 차를 마시던 곳

　　대웅전 앞의 찻집인 삼정헌은 사람들로 북적거린다. 그 담에 기대앉
으니 한 폭의 수채화 같은 두물머리가 펼쳐진다. 과연 절 마당으로 끌어들인
강 풍경은 '동방사찰 제일의 전망'이라는 서거정의 극찬이 아깝지 않다. 두 강물
이 만나는 모습은 언제 봐도 정겹고 그곳을 감싸는 산들은 부드럽기 그지없다.
수종사는 물과 밀접한 관련이 있다. 조카인 단종을 죽인 뒤로 심한 피부병으
로 고생하던 세조는 방방곡곡의 명산대찰을 찾아다니며 지병이 낫기를 기
도했다. 그러던 중 오대산에 갔다가 남한강을 따라 한양으로 돌아가던 길에
두물머리에서 하룻밤을 묵게 된다. 그런데 한밤중에 어디선가 은은한 종소
리가 들리는 것이 아닌가. 날이 밝자 종소리가 나는 곳을 찾아보게 했는데,
뜻밖에도 운길산 중턱의 바위굴 속에 물방울이 떨어지면서 내는 소리였다.
이를 기이하게 여긴 세조는 이곳에 수종사를 짓고 왕실의 원찰로 삼았다.
운길산 석간수는 수종사의 보배가 되었다. 이 물로 우려낸 차를 음미하기 위
해 찾아온 시인 묵객들도 적지 않은데, 그 중에서도 다산 정약용을 빼놓을
수 없다. 수종사에서 그리 멀지 않은 능내리 마현마을이 고향인 다산은 젊은
시절에 수시로 들러 차를 마셨다. '한국의 다성(茶聖)'이라 일컬어지는 초의
선사와 추사 김정희도 한양에 올라올 때마다 어김없이 이 절에 들어 다산과
차를 마시며 정을 나눴다고 한다. 절을 둘러봤으면 은행나무를 찾아가는 것
이 순서다. 500살이 넘은 은행나무
아래의 의자에 앉으면 시간은 강물
처럼 느릿느릿 흘러간다. 하산은 은
행나무 앞으로 이어진 큰길을 따르
면 불이문과 절 주차장을 거쳐 진중
2리로 내려오게 된다. 이 길은 중간
중간 절과 이어진 찻길을 만나는 것
이 흠이지만, 아름드리 소나무와 참
나무들이 **빽빽**이 들어차 운치 있다.

다산 정약용, 초의선사, 추사 김정희가 차를 마시며 교
류했던 수종사

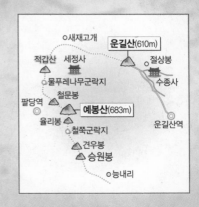

산길 친구

운길산은 수종사의 문화유산, 두물머리 조망이 빼어난 산이다. 중앙선 지하철 운길산역에서 곧바로 산행을 시작할 수 있어 더욱 인기를 끌고 있다. 산길은 정상에서 수종사로 내려오는 길이 급경사라 좀 힘들뿐 큰 어려움이 없다. 수종사 삼정헌에서는 맛줄기 유명한 수종사 녹차를 무료로 대접하니 잊지 말고 음미해보자.

가는 길과 맛집
경기도 남양주시 조안면 송촌리

교통
용산역~국수 구간을 약 30분 간격으로 운행하는 중앙선 전철을 이용해 운길산역에서 내린다.

맛집
산행 들머리인 초록향기 농원 앞의 살구나무집(010-3944-2945)은 직접 재배한 유기농 부추, 돌미나리 등으로 전을 내오는데, 맛이 신선하고 가격도 3,000원으로 저렴하다.

금대봉과 대덕산의 얼레지는 엄청난 군락을 이루고, 다른 산보다 꽃이 크고 색이 진하다.

한강 발원지 품은
생태계 보존지역

태백 분주령 꽃길

창죽동 ▶ 분주령 ▶ 대덕산 ▶ 검룡소 ▶ 창죽동

강원도 태백시의 금대봉(1,418m)과 대덕산 (1,307m) 일대는 국내 최고의 야생화 군락지로 천연기념물인 하늘다람쥐가 날아다니고 꼬리 치레도롱뇽이 집단 서식하는 자연생태계 보전지역이다. 한강의 발원지 검룡소를 품고 있어 일찍부터 주목받았으나 그 속에 풍부한 야생화 군락은 최근에야 알려졌다. 복주머니란, 한계령풀, 갈퀴현호색, 노랑무늬붓꽃 등 희귀식물을 비롯해 다양한 종의 식물들이 봄에서 가을까지 능선과 계곡을 수놓는다. 특히 금대봉과 대덕산 사이의 분주령(1,080m) 일대는 점봉산의 곰배령과 더불어 우리나라에서 드문 고산초원을 이뤄 풍광이 빼어나다.

산행 도우미
▶ 걷는 거리 : 약 8km
▶ 걷는 시간 : 4~5시간
▶ 코   스 : 창죽동~분주령~
　　　　　　대덕산~검룡소~
　　　　　　창죽동
▶ 난 이 도 : 무난해요
▶ 좋을 때 : 4~6월에 좋아요

창죽동에서 분주령으로 가는 길은 야생화들이 발길에 차이는 꽃길이다.

들꽃 천국인 고산초원

　　　　분주령으로 접근하는 길은 두 가지다. 태백의 두문동재(싸리재)에서 능선을 따르는 코스와 창죽동에서 계곡을 오르는 코스. 다양한 들꽃을 만날 수 있는 계곡을 따라 분주령에 이르고 능선을 따라 대덕산까지 갔다가 내려오는 원점회귀 코스가 좋다.

검룡소 입구인 태백시 창죽동에서 산길이 시작된다. 주차장에서 10분쯤 들어가면 검룡소 갈림길이 나온다. 왼쪽은 검룡소, 분주령으로 가는 오른쪽 길을 따르면 토종 민들레가 지천으로 깔려있다. 갈림길에서 분주령까지 40분쯤 걸리는데, 중간중간 계곡 사이로 보이는 홀아비바람꽃, 얼레지 등이 발목을 붙잡는다. 꽃을 쓰다듬으며 인사를 나누고 이마에 땀이 송송 맺힐 무렵 분주령에 도착한다.

분주령 일대는 드넓은 꽃밭이다. 현호색, 산괴불주머니, 노루귀, 꿩의바람꽃 등이 어우러져 한바탕 꽃잔치를 벌인다. 특히 군락으로 자라는 보랏빛 얼레지는 하늘을 향해 올라간 꽃잎의 우아한 자태가 아름다워 봄의 여왕이라 해도 과언이 아니다. 이러한 봄꽃들은 다른 산이라면 이미 시들지만, 금대봉과 대덕산은 산이 깊어 4월 중순쯤 만개한다.

배부르게 꽃구경을 했으면 대덕산으로 이어진 능선을 탄다. 길은 부드럽고 꽃으로 덮여 있어 힘이 든 줄 모른다. 꽃이 아무리 아름답다고 해서 꽃을 캐면 안 된다. 야생화는 인간의 손이 닿으면 대부분 죽기 때문에 아무 소용이 없다. 대신 사진을 찍으면 그 아름다움과 감동을 오랫동안 간직할 수 있다. 또한 야생화 도감을 준비해 이름 모를 꽃을 만날 때마다 찾아보면 야생화에 대한 해박한 지식을 쌓을 수 있다.

신비로운 분위기 가득한 검룡소

분주령에서 대략 40분쯤 지나면 갑자기 나무 그늘이 사라지고 하늘이 열린다. 가슴이 후련해지는 들꽃 세상, 바로 대덕산 정상이다. 바람 부는 이곳에 풀을 베고 누우면 푸른 하늘에 흰 구름이 고요히 흐른다. 천상의 세계가 따로 없다. 남쪽 방향으로는 금대봉~은대봉~함백산~태백산으로 이어지는 백두대간 마루금

분주령의 얼레지는 다른 곳보다 꽃이 커 더욱 아름답다.   하늘을 향해 활짝 피어있는 꿩의 바람꽃

이 장관이다.

정상에서 마음껏 시간을 보냈으면 하산은 남쪽을 따른다. 15분쯤 능선을 걸으면 오른쪽으로 내려서는 길을 만나게 된다. 20분쯤 내려오면 검룡소 갈림길에서 분주령으로 올라오던 길과 만나게 된다. 하산길에 검룡소에 꼭 들러보자. 한강의 발원지답게 신비스런 분위기가 철철 넘치고, 이무기가 용이 되려고 승천하면서 몸부림쳤다는 폭포가 장관이다. 검룡소는 금대봉과 대덕산 능선에 숨어 있는 제당굼샘과 고목나무샘에서 솟아나는 물이 땅속으로 스며들었다가 나오는 것이다. 그 물을 한 모금 들이켜면 십 년 묵은 체증이 내려가는 듯 시원하다.

산길 친구

분주령, 대덕산 일대는 들꽃의 천국이므로 꽃산행에 초점을 맞춘다. 산길은 갈림길을 주의하면 크게 어려운 곳이 없다. 산행을 마치고 한강 발원지인 검룡소에서 들르는 것을 잊지 말자. 좀 더 쉽게 산행하고 싶으면 싸리재에 주차하고 대덕산까지 산행 후, 다시 싸리재로 돌아와도 좋다. 2010년 6월부터 금대봉, 대덕산 일대가 사전예약제를 실시한다. 따라서 산행을 하려면 사전에 예약해야 한다. 사전예약은 태백시 환경보호과(033-550-2061, 2328)로 전화예약하거나 시청 홈페이지 관광코너(http://tour.taebaek.go.kr)를 이용한다.

가는 길과 맛집
강원도 태백시 창죽동

교통
태백시에서 창죽동 가는 버스가 뜸해 자가용을 이용하는 게 좋겠다. 태백시에서 35번 국도를 타고 피재를 넘으면 창죽동이 나온다. 창죽동 검룡소 주차장(무료)에 차를 세우고 산행을 시작한다. 들꽃 트레킹 가이드와 숲 해설사가 필요하면 태백의 숲전문가인 김부래(011-9919-3267) 씨에게 문의한다. 주말엔 무료로 가이드를 하는데, 태백시청(033-552-1360) 환경과에 반드시 예약해야 한다.

맛집
태백 시내의 태성실비집(033-552-5287)은 연탄불에 질 좋은 태백 한우를 구워 먹고, 너와집(553-4669)은 너와지붕의 전통 가옥에서 전통 음식을 맛볼 수 있다. 너와정식 1만 5,000원 이상. 쌈밥정식 8,000원.

보성의 5개 바다 중 진분홍 철쭉 바다를 이루는 일림산

계절의 여왕 5월 수놓은 진분홍 철쭉바다

보성 일림산 철쭉능선

용추계곡 ▶ 골치 ▶ 일림산 ▶ 용추계곡

계절의 여왕 5월의 꽃은 철쭉이다. 철쭉은 진

달래, 산벚꽃 등의 봄꽃들이 모두 저버린 늦

은 5월에 산비탈과 능선을 온통 진분홍빛으로

물들인다. 고산 지대의 추위와 비바람을 견뎌

내느라 철쭉 스스로 개화시기를 늦춘 것이다.

덕분에 5월이면 눈부신 신록과 더불어 산을

화려하게 물들이는 장관을 감상할 수 있다.

산행 도우미
▶ 걷는 거리 : 약 6km
▶ 걷는 시간 : 3~4시간
▶ 코   스 : 용추계곡~골치~
             일림산~용추계곡
▶ 난 이 도 : 쉬워요
▶ 좋을 때 : 4월말~5월초 철쭉꽃
             만개할 때

일림산의 100만 평(3㎢)에 이르는 거대한 철쭉밭은 해풍을 맞고 자라 유난히 붉고 선명한 빛깔을 자랑한다.

국내 최고 철쭉 명산으로 떠오른 일림산

철쭉 명산 중에서 최근에 가장 주목받는 곳이 보성 일림산이다. 보성에는 5개의 바다가 있다고 한다. 소리의 바다, 마음의 바다, 녹차의 바다, 진짜 바다, 철쭉의 바다. 섬진강 남서쪽 지역의 가늘고 애잔한 소리 서편제, 남도의 후덕한 인심, 우리나라 최대의 녹차밭, 율포해수욕장과 득량만 그리고 일림산 일대를 진분홍빛으로 물들이는 철쭉의 바다가 그것이다. 일림산이 알려진 건 고작 10여 년이 안 되지만, 부드러운 산세와 무려 100만 평(3㎢)에 이르는 거대한 철쭉밭, 해풍을 맞고 자라 유난히 붉고 선명한 빛깔 때문에 우리나라 최고라는 수식어가 붙게 되었다.

일림산의 철쭉 산행 코스는 계곡이 빼어나고 원점회귀 산행이 가능한 용추계곡을 들머리로 하는 것이 좋다. 이 길은 등산로가 깔끔하게 정비되었고, 힘든 곳이 거의 없어 가족과 연인들에게 더욱 좋은 코스다. 웅치면 용추계곡 주차장에서 계곡을 따르면 나무다리를 만난다. 입구에 현 위치 '용추계곡'이라 적혀 있다. 다리를 건너면 하늘을 향해 쭉쭉 뻗은 편백숲이 심신을 평화롭게 정화해준다. 이어 갈림길이 나오는데, 오른쪽 골치(1.2㎞) 방향으로 올랐다가 왼쪽 길로 내려오게 된다.

작은 계곡을 건너 10분쯤 가면 임도를 만나고, 임도를 따르다 다시 만난 산길을 15분쯤 오르면 갑자기 길이 평지처럼 순해진다. 그 길을 300m쯤 가면 능선에 붙게 된다. 여기가 골치 사거리다. 우측은 제암산(7.5㎞)과 사자산(3.4㎞), 직진하면 장흥 방향, 일림산 정상(1.8㎞)으로 가려면 왼쪽 길을 따라야 한다.

지금부터는 호젓한 능선길이다. 길섶이 모두 철쭉이라 꽃구경을 하다 보면 힘든 줄 모른다. 멋진 소나무가 한 그루 서 있는 '작은봉'을 넘어 '큰봉우리'에 오르면 입이 쩍 벌어진다. 정면의 일림산 정상을 필두로 시야에 들어오는 산사면 전체가 온통 진홍빛으로 불타오르고 있다.

불타는 일림산에 마법처럼 10분쯤 끌려가면 드디어 꼭대기에 올라선다. 정상에서는 그동안 숨어 있던 득량만이 철쭉 군락 뒤로 시원하게 펼쳐진다. 뒤를 돌아보면 사자산까지 이어진 능선과 그 유명한 제암산의 임금바위가 제법 웅장하다.

하산길에 만나는 보성강 발원지

정상에서 내려서면 봉수대 삼거리다. 여기서 바라보는 일림산의 모습이 가장 아름답다. 봉긋한 봉우리는 어머니의 젖가슴처럼 부드럽고 그 안은 진분홍빛 철쭉 광채가 뿜어져 나온다. 이어지는 발원지 사거리까지 10여 분이 이번 산행의 하이라이트다. 철쭉 터널을 따라 꿈결처럼 부드러운 길이 이어진다. 님에게 가는 길이 이토록 달콤할까?

골치로 향하는 산꾼들. 일림산은 전체적으로 산세가 부드럽다.

보성강 발원지 선녀샘

발원지 사거리에 이르면 아쉽게도 능선길이 끝이 난다. 용추계곡 방향으로 200m쯤 내려오면 보성강 발원지에 이른다. 이 물은 곡성군 압록에서 300리의 긴 여정을 마치고 섬진강과 합류, 하동을 지나 남해바다에서 생을 마감한다. 물맛은 강의 발원지라 그런지 신비롭고 달콤하다.

이제 산행은 막바지. 들머리이자 날머리인 주차장까진 2km 남짓 거리. 굽이치는 임도를 따라 모퉁이를 몇 바퀴 돌면 울창한 편백숲을 만나고, 이어 처음 출발했던 갈림길에 닿는다. 다리를 건너기 직전 우측 계곡을 따라 100m쯤 오르면 팔각정과 함께 와폭인 용추폭포와 용소가 자리잡고 있다. 여기서 발을 담그고 땀을 씻으면 황홀했던 산행이 기분 좋게 마무리된다.

산길 친구

일림산은 아이들도 어렵지 않게 걸을 수 있는 순한 길이다. 좀 더 걷고 싶은 산꾼은 일림산에서 부드러운 능선을 타고 제암산까지 이어진 종주 코스를 탄다. 거리는 약 15㎞, 8시간쯤 걸린다.

가는 길과 맛집
전라남도 보성군 웅치면 용반리

교통
서울에서 보성으로 가는 버스는 서울 센트럴시티터미널(02-6282-0114)에서 하루 한 번뿐이다. 따라서 서울이든 부산이든 일단 순천까지 가는 게 좋다. 순천에는 보성으로 가는 버스는 자주 있고 시간은 1시간쯤 걸린다. 자가용을 이용할 경우 동광주·목포·순천IC 등을 통해 보성읍으로 들어갈 수 있다. 그 후 웅치면(895번 지방도로)으로 진입한다. 보성읍에서 용추계곡 가는 버스는 06:10 08:00 11:10 12:50 15:00 16:50 19:10에 있다.

맛집
보성읍내의 중앙식당(061-852-2692)과 한길로회관(061-853-0202)은 비교적 저렴한 가격에 남도 한정식을 맛볼 수 있는 집이다. 정식 1만 원.

서리산 철쭉 동산에 연분홍빛 철쭉이 만개하면 산은 옅은 화장을 한 새색시처럼 화사하다.

5월의 연분홍 철쭉,
새색시 닮았네

남양주 서리산 철쭉동산

축령산 자연휴양림 ▶ 서리산 ▶ 절고개
▶ 축령산 자연휴양림

경기도 남양주시 수동면과 가평군 상면에 걸쳐 있는 축령산(879.5m)은 숲이 좋은 산이다. 수도권에서 가깝고 깨끗한 시설의 자연휴양림이 있어 지친 도시 사람들이 쉬어가기에 좋다. 축령산의 5월은 눈부시게 아름답다. 신갈나무, 단풍나무, 물푸레나무, 고로쇠나무, 산벚나무 등 다양한 활엽수들이 뿜어내는 연둣빛 신록은 약동하는 봄의 생명력으로 충만하다. 게다가 축령산과 이어진 서리산(825m) 일대의 연분홍 철쭉이 만개하면 산은 옅은 화장을 한 새색시처럼 화사하다.

서리산 철쭉은 자생종으로 수령 50~80년. 다 자라면 3~4m 높이라 어른 키를 훌쩍 넘긴다.

인공림과 자연림의 조화

축령산 산길은 축령산 자연휴양림을 들머리에 철쭉동산이 있는
서리산과 축령산을 올랐다가 휴양림으로 원점회귀하는 코스가 좋다. 휴양
림 매표소를 지나 갈림길에서 왼쪽 길을 따르면 휴양림의 숙소인 산림휴
양관 건물을 만난다. 휴양관 앞에는 심어놓은 산철쭉이 만개해 마음을 설
레게 한다. 휴양관 건물 왼쪽으로 난 등산로를 따르면 빽빽이 들어찬 잣나

무 사이로 산길이 이어진다.

잣나무는 축령산의 대표적인 나무로 자연휴양림 일대와 산 동쪽으로 약 150ha (1.5㎢, 45만 평)를 차지하고 있다. 가평에서는 이를 '축령백림(祝靈柏林)'이라 부르며 가평 8경의 하나로 꼽고 있다. 놀라운 것은 이 잣나무들이 인공적으로 만든 산림이라는 것이다. 해방 전후에 심은 잣나무 묘목들이 60여 년이 지난 지금은 아름드리 잣나무 숲으로 변해 후손들의 산림욕장과 자연휴양림으로 이용되고 있다.

'서리산 2㎞' 이정표를 만나면 잣나무가 사라지고 떡갈나무, 박달나무 등이 어우러진 자연림 숲길이 시작된다. 이마에 땀이 송송 맺힐 무렵이면 연분홍빛 철쭉 터널을 지나면서 능선에 올라붙는다. 일단 능선에 붙으면 길이 순하지만 꽃구경에 발걸음이 더디다. 이곳 철쭉나무는 자생종으로 수령이 50~80년 이상이고 다 자라면 3~4m 높이라 어른 키를 훌쩍 넘긴다. 서리산의 철쭉군락지는 축령산 자연휴양림이 생긴 후에 등산객들의 발길이 늘어나면서 우연히 발견됐다고 한다. 이곳 철쭉은 일반적으로 우리가 아는 꽃이 작고 색이 짙은 '산철쭉'이 아니라 꽃이 크고 빛깔이 고운 '철쭉'이라 더욱 귀하고 아름답다. 특히 다섯 개 꽃잎 속의 긴 꽃술은 여인의 속눈썹처럼 부드럽게 올라가 우아한 자태가 돋보인다.

화채봉삼거리에 이르면 각시붓꽃과 족두리풀이 땅바닥에 바투 붙어 피어 앙증맞다. 이어 '철쭉동산'이라 써진 커다란 비석을 지나 나무 데크로 조성된 전망대를 만나게 된다. 일명 '포토 데크'로 한반도 모양을 한 철쭉 꽃밭이 시원하게 펼쳐지는 곳이다. 여기서 서리산 정상으로 이어진 길을 따르다 보면 "연분홍 치마가 봄바람에 휘날리더라~" 하며 꽃에 취해 노래 한 자락을 흥얼거리기 마련이다.

연분홍빛 자생종 철쭉밭

서리산 정상은 시원하게 전망이 트인다. 남쪽으로 천마산~철마산 능선이 시원하게 뻗어 있고, 동쪽으로 약 3㎞ 떨어진 축령산 정상이 손

몸이 연둣빛으로 물들 것 같은 축령산의 봄길. 앞에 보이는 평퍼짐한 산이 축령산이다.

에 잡힐 듯하다. 정상에서 능선을 타고 내려가는 길은 새순들이 뿜어내는 연둣빛 터널이다. 그 길을 따르다 보면 온몸이 연둣빛으로 물드는 느낌이다. 15분쯤 내려가면 억새밭 사거리를 만난다. 이곳에서 임도를 따라 하산할 수 있지만, 좀 더 능선을 타다가 절고개에서 내려가는 것이 좋다.

새색시처럼 고운 연분홍 철쭉

절고개는 서리산과 축령산의 중간 지점으로 3~4월에는 야생화가 그득한 곳이다. 건각들이라면 절고개에서 축령산 정상까지 올랐다가 남이바위를 거쳐 자연휴양림으로 내려오는 코스를 타는 것이 좋겠다. 절고개에서 내려서면 휘파람이 절로 나는 울창한 잣나무숲을 통과하게 된다. 15분쯤 지나면 아이들이 뛰어 놀기 좋은 잔디광장에 닿고, 여기서 임도를 따라 다시 20분쯤 내려오면 산림휴양관을 만난다.

산길 친구

축령산 산길은 축령산 자연휴양림을 들머리로 한 코스가 발달했다. 가장 좋은 코스는 휴양림을 들머리로 서리산과 축령산을 차례로 오른 후에 남이장군 바위를 거쳐 다시 휴양림으로 내려오는 코스다. 거리는 11km, 6~7시간쯤 걸린다.

축령산

서리산
억새밭
절고개
남이바위
서리산전망대
전망대
임도삼거리
수리바위
산림휴양관
제2주차장
제1주차장
매표소

가는 길과 맛집
경기도 남양주시 수동면,
가평군 상면

교통
청량리역에서 마석 가는 기차나 버스를 이용한다. 청량리역에서 마석행 버스는 330-1, 765, 1330번이 운행한다. 마석에서 축령산 가는 30-4번 버스는 06:10~21:10분까지 35분 간격으로 있다.

맛집
축령산 자연휴양림 앞의 서리산가든(031-591-6941)은 산채요리와 민물새우 우거지전골을 잘한다. 행현리의 전통음식점 옛골(031-585-1818)은 청국장 정식과 호박국수를 잘하는 집이다. 순창에서 구입한 콩으로 메주를 쑤고, 텃밭에서 내온 푸성귀들이 싱싱하다. 정성스러운 손맛으로 장떡, 도토리묵, 감자전 등의 반찬을 내온다.

비봉을 오르는 산꾼들 뒤로 북한산의 전경이 입체적으로 펼쳐진다. 왼쪽 상단 코뿔소를 닮은 바위 오른쪽이 백운대·노적봉·만경대이고, 오른쪽 끝이 문수봉이다.

비봉 올라 진흥왕처럼
서울을 엿보다

서울 북한산 비봉능선

이북5도청 ▶ 비봉 ▶ 문수봉 ▶ 구기동

서울의 진산인 북한산(836.5m)은 조선시대부

터 지금까지 수도 서울의 상징이자 수호신으

로 우리 민족의 정신세계에 깊숙히 자리잡고

있다. 북한산의 특징적인 매력은 미끈하게 잘

빠진 화강암 봉우리에 있다. 최고봉 백운대,

암벽 등반의 메카 인수봉, 무속인의 성지 보현

봉 등 총 32개의 봉우리가 저마다 독특한 바

위미를 자랑한다. 북한산을 즐기기에 좋은 방

법은 능선 산행이다.

산행 도우미
- ▶ 걷는 거리 : 약 7.5㎞
- ▶ 걷는 시간 : 4~5시간
- ▶ 코 스 : 이북5도청~비봉~
  문수봉~구기동
- ▶ 난 이 도 : 무난해요
- ▶ 좋을 때 : 봄, 가을에 좋아요

비봉에는 한국전쟁의 총탄 흔적이 남아 있는 진흥왕순수비가 서 있다.

순조 임금 탄생 비화가 서린 목정굴

　　주능선 · 의상능선 · 원효능선 · 우이능선 · 진달래능선 등 북한산의 뼈대를 이루는 여러 능선 중에서 가장 아름다운 곳을 꼽으라면 단연코 비봉능선이다. 이곳은 북한산 서쪽 향로봉에서 문수봉까지 약 2.5㎞에 불과하지만, 서울 시내가 손금 들여다보듯 훤히 보이고 북한산 전체를 입체적으로 조망할 수 있다. 이처럼 전망이 좋고 풍광이 빼어나기에 진흥왕이 비봉(碑峰)에 순수비를 세우고 이곳이 자신의 땅임을 선포했던 것이다. 비봉능선의 등산 코스는 구기동을 들머리로 비봉, 승가봉, 문수봉을 차례로 넘고 대남문에서 구기동으로 하산하는 길이 정석이다. 구기동 이북5도청을 지나 골목길 모퉁이를 두어 번 돌면 비봉탐방지원센터가 나온다. 산행이 시작되면서 작고 아담한 계곡이 펼쳐진다. 졸졸 흐르는 개울을 기분 좋게 따르면 왼쪽으로 목정굴(木精窟) 안내판이 나온다. 등산로는 오른쪽이지만 목정굴을 구경하고 가는 것이 좋다.

목정굴은 순조 임금의 탄생 비화가 서린 동굴이다. 당시 고승으로 이름 높았던 농산스님이 정조의 부탁을 받고 이 굴에서 기도를 드리다 입적해 순조 임금으로 환생했다는 신비스러운 이야기가 전해진다. 목정굴은 기도발이 잘 들기로도 유명하다. 굴 법당 안 수월관음보살 뒤로 계곡이 통하고 있어 졸졸졸 흐르는 물소리가 외부의 잡음을 차단하여 삼매에 들기에 좋다. 굴에서 이어진 길을 따르면 금선사가 나온다. 최근에 건물들을 세워 고풍스러운 맛은 없지만, 산세와 어울려 분위기가 좋다. 절을 나오면 다시 등산로가 이어지고 아름드리나무들이 들어찬 호젓한 숲길이 끝나면서 돌계단이 이어진다. 30분쯤 된비알을 오르면 왼쪽으로 탕춘대능선에서 올라오는 길과 합류해 향로봉과 비봉 사이의 능선으로 올라붙는다.

일단 능선에 붙으면 길은 순하다. 10분쯤 가면 비봉을 알리는 안내판이 서 있다. 화강암들이 켜켜이 쌓인 비봉은 오르는 길이 약간 위험하지만, 두 손으로 짜릿한 바위맛을 느끼며 어렵지 않게 오를 수 있다. 정상에는 진흥왕이 555년 한강 일대를 평정하고 그 업적을 기리고자 세웠던 순수비(원형 복제비)가 서 있다. 비석 앞에서는 북악산과 남산, 광화문의 빌딩들, 여의도와 63빌딩, 그리고 굽이쳐 흐르는 한강까지 한눈에 잡힌다. 저것이 산과 강이 어우러진 서울의 참모습이다.

비봉에서 내려와 5분쯤 가면 사모바위다. 이 바위는 남자들이 혼례식 때 머리에 쓰는 사모(紗帽)처럼 생겨 그렇게 부른다. 이곳은 헬기장이 넓고 주변 풍광이 좋아 휴식 장소로 인기가 좋다. 이어 승가봉을 넘으면 자연돌문에서 발걸음이 멈춰진다. 바위가 만들어낸 돌문을 통과하면 마치 신비의 세계로 입장하는 느낌이 든다.

자연돌문을 통과해 문수봉으로

자연돌문에서 문수봉으로 가는 길은 암릉길과 우회로가 있다.

문수봉으로 직접 이어진 암릉길은 짜릿하고 경치가 빼어나지만 위험하다. 안전하게 우회로를 따르는 게 좋겠다. 암릉이 시작되는 지점에서 왼쪽길을 따르는 우회로는 청수동암문까지 제법 가파른 오르막이 15분쯤 이어진다. 바람이 시원하게 부는 암문으로 들어서 오른쪽 산성길을 따르면 문수봉이 지척이다. 비봉능선은 문수봉에서 끝나지만 능선 마루금은 주능선으로 이어져 백운대까지 뻗어 나간다. 문수봉을 내려오면 북한산성 12개 성문 중에서 가장 높은 곳에 자리잡은 대남문이다. 2층 망루로 올라오면 보현봉이 잘 보이고, 그 옆으로 서울 시내가 아스라이 펼쳐진다.

하산은 성문 밖으로 나가 구기계곡을 따라 내려오게 된다. 계곡을 만나기까지 급경사가 이어지니 관절에 무리가 가지 않도록 천천히 내려온다. 구기계곡은 계곡미가 빼어나고 수량이 풍부하지만 좀 험한 것이 흠이다. 30분쯤 내려와 다리를 건너면 구기약수가 나온다. 이곳에서 목을 축이고 두 번 더 다리를 건너면 산행이 끝난다.

비봉에서 펼쳐지는 북한산의 모습이 가장 역동적이다. 멀리 백운대, 노적봉.
만경대가 화강암으로 빚은 연꽃처럼 보인다.

산길 친구

비봉능선은 북한산의 진면목을 감상할 수 있는 코스. 좀 더 산행을 즐기고 싶으면 대남문에서 주 능선을 타고 백운대나 의상봉, 산성계곡 등 다양한 코스를 잡을 수 있다.

북한산 비봉능선

은평구
향로봉
문수봉
승가봉
보현봉
형제봉
금선사
비봉매표소
이북5도청
관음사
구기동
종로구
북악터널
구기터널
세검정길
내부순환도로

가는 길과 맛집
서울특별시 강북구 우이동

교통
지하철 3호선 경복궁역 3번 출구로 나와 0212번 초록색 버스를 타고 종점인 구기동 이북5도청에 내린다. 또는 불광역 2번 출구로 나와 7211번 초록색 버스를 타면 구기삼거리에서 하차한다.

맛집
구기동의 옛날민속집(02-379-6100)은 15년째 국산 콩을 직접 갈아서 만든 손두부, 콩비지, 청국장 등을 내놓는 한식집이다.

청주의 진산인 우암산은 도심에 자리 잡았지만 숲이 풍성하고 건강하다.

숲 공부하기 좋은
청주의 진산

청주 우암산

수암골 ▶ 우암산 ▶ 청주대학교

5월 중순, 우암산(353m)은 연초록빛으로 부풀어 올랐다. 청주의 진산 우암산은 도심에 자리잡은 산치고 뜻밖에 숲이 좋은 산이다. 우점종인 상수리나무는 쭉쭉 하늘을 찌르고 소나무, 전나무, 낙엽송, 산초나무, 팽나무 등이 어울려 풍성한 숲을 이루고 있다. 산 서쪽 벽화 마을로 유명한 수동 수암골과 연결한 코스는 아이들과 함께 숲 공부를 겸한 가벼운 산행으로 좋다.

산행 도우미
▶ 걷는 거리 : 약 6km
▶ 걷는 시간 : 2시간 30분
▶ 코   스 : 수암골~우암산~
　　　　　　청주대학교
▶ 난 이 도 : 쉬워요
▶ 좋을 때 : 봄, 가을에 좋아요

동화 속에 나온 듯한 수암골 벽화 마을

　　　　청주대 입구에서 가까운 우암초등학교 담벼락을 따라 안쪽으로 들어서면 남북 방향으로 길게 몸을 누인 우암산이 눈에 들어온다. 부드러운 산세가 도시를 품는 형상이라 포근해 보인다. 우암산을 바라보며 걷다 보면 곧 수암골이다. '드라마 〈카인과 아벨〉 촬영지'를 알리는 간판이 군데군데 붙어 길 안내를 한다.

언덕에 올라서면 수암골의 입구인 삼충상회. 여기서부터 담벼락을 따라 '숨바꼭질' '꽃을 사랑하는 호랑이' 등의 그림들이 나타난다. 골목 앞에 그려진 마을 지도도 예쁘다. 골목길 모퉁이를 돌자 '먹보' '감나무집' '울보 영지' 등이 나타나는데, 꼭 동화 속 마을에 들어선 기분이다.

세 아이가 함박웃음을 짓는 '웃는 아이 삼남매' 앞에서 웃음이 터져 나왔다. "그 애들이 우리 마을의 유일한 아이들이에요." 사진 찍는 필자에서 이영순 할머니(68세)가 다가와 일러준다. 이 할머니가 수암골에 들어온 것이 벌써 45여 년 전이다. 미원에서 이곳으로 시집와 네 남매를 낳아 모두 출가시켰다고 한다.

"전쟁 후 피란민들이 정착하면서 이 마을이 만들어졌어요. 흙벽돌을 찍어 방 두 칸, 부엌 한 칸을 만들어 살았지요." 세월이 흐르며 쇠락한 수암골 달동네는 2007년에 획기적인 변화를 맞는다. 공공미술 프로젝트 사업의 일환으로 이홍원 화백을 비롯한 충북 민예총 회원들과 청주대, 서원대 학생들이 '추억의 골목 여행'이라는 주제로 서민들의 생활을 담은 벽화를 그린 것이다. 덕분에 〈카인과 아벨〉 TV 드라마도 이곳에서 촬영해 더욱 유명세를 탔다.

"우리 마을이 인심 하나는 좋지. 또 놀러 와요." 할머니의 넉넉한 미소를 뒤로 하고 마을을 빠져나오면 우암산 순환도로를 만난다. 그 길을 따르면 청주 시내가 한눈에 들어오는 전망대. 여기서 크게 기지개를 켜고 도로를 따라 내려오면 삼일공원이다. 3·1독립운동 당시 민족대표 33인 중 이 지방 출신인 손병희, 신석구, 권병덕 등 5인의 동상에 인사를 올리고, 본격적으

송신탑 앞에서는 청주 시내 조망이 시원하게 열린다.

로 우암산 산행을 시작한다.

삼일공원 들머리로 우암산 산행

　　　초입의 가파른 나무 계단을 오르면 눈이 휘둥그레진다. 갑자기 울창한 숲이 펼쳐지고 알록달록 철쭉이 피어 화사하다. 온갖 새들의 노래를 들으며 한동안 상수리나무 터널을 오르면 능선에 올라붙는다. 휘파람이 절로 나는 순한 능선에서는 나무들을 주의 깊게 보자. 팽나무, 상수리나무, 청미래덩굴, 때죽나무…. 우암산은 나무들의 간단한 특징이 적힌 안내판이 붙어 있어 아이들과 함께 공부하며 걷기 좋다.
열심히 나무 공부를 하다 보면 어느새 방송국 송신탑에 이르고, 이곳에서 시내 조망이 시원하게 펼쳐진다. 삭막해 보이는 빽빽한 빌딩을 바라보

수암골 '웃는 아이 삼남매' 앞에서는
저절로 웃음이 터져 나온다.

면, 시내 가까이 이렇게 숲이 우
거진 산이 있다는 것이 고맙게 느
껴진다. 송신탑을 지나면 '우암골
자연테마학습 공원'이 나온다. 능
선에서 나무들과 눈을 맞췄다면
이곳에서는 풀 공부하기에 좋다.

나무와 풀 공부하기 좋은 숲

"이게 우산나물이야. 잎이 꼭 우산
을 닮았지."
"하하~ 정말 우산 같네. 얘들은 비와도 우산
필요 없겠다."
마침 아이와 함께 온 가족이 풀 공부에 한창이
다. 길섶에는 꿩고비, 비비추, 하늘매발톱, 산
비장이, 벌개미취, 돌단풍 등이 가득하다. 학습
공원을 지나면 '숲속 교실'이 나오는데, 우암산
을 통틀어 가장 숲이 좋은 곳이다. 상수리나무
와 낙엽송들이 서로 번갈아 가면서 미끈한 자
태를 자랑하고 있다. 천천히 나무와 길을 음미
하며 오르면 체육 시설이 들어선 삼거리. 여기
서 오른쪽으로 300m쯤 가면 우암산 정상이다.
하산은 다시 삼거리로 돌아와 산불감시 초소
가 있는 지점에서 청주대 방향을 따른다. 그
길을 30분쯤 내려오면 청주대 예술대학이 나
오면서 짧지만 알찬 산행이 마무리된다. 깔깔
거리는 학생들의 웃음소리가 계절의 여왕 5월
과 잘 어울린다.

청주 시민의 사랑을 듬뿍 받는 우암산은
아이들과 나무 공부하기에 좋다.

산길 친구

수암골은 우암초등학교 뒤편으로 가면 쉽게 찾을 수 있다. 수암골을 구석구석 둘러보는데 30분쯤 걸린다. 마을 위쪽 도로에서 오른쪽으로 가면 전망대가 나온다. 여기서 청주 시내를 굽어보고 내려가면 우암산 들머리인 삼일공원이다. 청주 시민들의 산책로인 우암산은 정비가 잘 됐고, 이정표가 확실하다.

가는 길과 맛집
충청북도 청주시 상당구 우암동

교통
서울에서는 동서울종합터미널(1688–5979)과 남부터미널(02–521–8550)에서 06:30~22:00까지 20~30분 간격으로 다니는 북청주행 버스를 탄다. 청주북부터미널에 내리면 청주대가 지척이고, 5분 거리의 우암초등학교를 찾아 수암골로 들어간다. 청주 시내에서 수암골로 가려면 방아다리 버스 정류장에서 내리면 된다.

맛집
하산 지점인 청주대 후문 쪽은 여러 맛집이 있지만, 특히 파전의 명소다. 그중 삼미파전(043–259–9496)은 가격이 저렴하면서 양이 풍부하다. 70~80년대의 왕대포집 같은 분위기라 술 맛도 좋다. 파전과 오징어볶음 5,000원. 북청주터미널 앞의 청주왕호두과자(043–224–5225)도 별미다.

솔숲의 맑고
청아한 바람소리

夏

망월사에서 가장 전망이 좋은 금강문 앞. 절에서 가장 높은 곳에 자리한 영산전 뒤로 솟구친 도봉산 주봉들은 구름 속에 잠겼다.

함박꽃 향기처럼 번지는
부처님의 미소

의정부 도봉산 망월사

망월사역 ▶ 원도봉계곡 ▶ 망월사 ▶ 망월사역

서울 도봉구, 경기도 의정부시와 양주시에 걸쳐 있는 도봉산(739.5m)은 운명적으로 북한산과 얽혀 있는 산이다. 한북정맥이라는 뿌리가 같고, 우이령을 통해 서로 이웃해 있다. 북한산이 좀 더 크고 높아 도봉산이 손해 보는 경우가 종종 있다. 북한산과 도봉산 일대를 묶어 북한산국립공원이라 부르는 것이 대표적인 사례다. 그렇다고 도봉산은 성내거나 섭섭해하지 않는다. "푸른 하늘에 깎아 세운 만 길 봉우리"라는 선인의 시구처럼 도봉산은 예로부터 소금강으로 불려왔다. 도봉산 최고 절경인 자운봉, 만장봉, 선인봉이 빚어내는 조화는 가히 금강산이 부럽지 않다.

건강한 숲 생태계를 간직한 원도봉계곡

원도봉계곡의 건강한 숲

도봉산의 여러 등산로 중에서 험하지 않아 가족 나들이로 좋은
곳이 원도봉계곡을 따라 망월사까지 이어진 길이다. 이곳은 행정구역상 의
정부에 속하고 도봉산 주등산로와 떨어져 있어 비교적 호젓하다. 또한 빼
어난 계곡에서는 신갈나무, 단풍나무, 소나무 등이 조화를 이룬 건강한 숲
을 만날 수 있고, 도봉산 최고의 명당자리를 꿰찬 망월사가 버티고 있어 느
릿한 산행으로 제격이다.
국철 1호선 망월사역을 나오면 엄홍길 기념관을 만난다. 히말라야 8,000m
급 봉우리 14좌를 국내 최초로 완등한 엄홍길 대장은 우리나라를 대표하는
산악인이다. 그가 유년 시절을 보낸 곳이 바로 원도봉계곡이다. 그의 부모
님이 원도봉유원지에서 식당을 했기에 엄홍길 대장은 자연스럽게 산과 산

꾼들의 품에서 자랐다. 기념관을 둘러보고 신흥대학 입구를 지나 도로를 따르다 보면 어느 순간, 가슴이 철렁 내려앉는다. 앞쪽 멀리 거대한 도봉산의 모습이 아스라이 펼쳐지기 때문이다. 왼쪽으로 세 개의 암봉이 악마의 뿔처럼 치솟는데, 그것이 선인봉, 자운봉, 만장봉이다.

원도봉 탐방안내소를 지나 계곡을 만나면서 길이 갈린다. 망월사는 왼쪽의 다리를 건너야 한다. 다리를 건너면 시원한 물소리와 함께 커다란 폭포가 나타난다. 폭포 아래쪽으로 청둥오리 한 쌍이 다정하게 물놀이를 하고 있다. 2009년 6월에 북한산 정릉계곡에서 청둥오리 가족이 북한산에서 처음 발견되었다는 뉴스를 보았는데, 이곳에도 용케 살고 있었다.

계곡을 따르는 길섶에서 운 좋게 꽃핀 함박꽃나무를 발견했다. 까치발을 딛고 꽃에 코를 가까이하니 은은한 향기가 밀려온다. 이 꽃은 목련 향기와 비슷하면서도 약간 신비로운 느낌이 든다. 그래서 그 향기를 맡으면 식물들과 이야기를 나눌 수 있을 것 같은 착각이 든다.

좀 더 올라가니 '참나무의 종류'를 알리는 숲 해설 안내판이 눈에 들어온다. '줄기를 갈아치우는 갈참나무, 짚신 바닥에 깔았던 신갈나무, 떡을 사기도 하였던 떡갈나무, 도토리 열매가 가장 많이 열려 도토리묵을 쑤어 임금님 수라상의 맨 위쪽에 올렸다 하여 상수리나무…' 재미있는 설명과 함께 그 나무들의 잎과 열매 그림이 잘 나와 있다. 아이들과 함께라면 안내판을 보면서 참나무들을 구별해보면 재미있고 유익하겠다. 수도권에서 원도봉계곡만큼 숲이 건강하고 풍성한 곳도 드물다.

한국 선불교 전통이 배어 있는 망월사

'망월사 0.9㎞' 이정표 앞에서 가파른 돌계단이 이어진다. 이곳을 올라서면 나뭇가지 사이로 원도봉계곡의 명물인 두꺼비바위가 나타난다. 이어 덕제샘에서 목을 축이고 그윽한 숲길을 지나면 망월사 입구다. 망월사 구경은 오른쪽 담장을 따라 이어진 돌계단을 올라 금강문을 통해 절로 들어가 영산전까지 구경하고 나오는 것이 좋다. 오른쪽 가파른 돌계단을 오르면 금강문 앞인데, 이곳이 망월사가 가장 아름답게 보이는 곳이다. 망월사에서 가장 높은 곳에 자리잡은 영산전 뒤로 자운봉 · 만장봉 · 선인봉이 병풍처럼 두른 모습이 장관인데, 오늘은 구름이 살짝 끼어 더욱 신비스럽게 보인다.

대웅전 역할을 하는 낙가보전을 지나 영산전으로 가는 길은 산동네 골목길을 돌아가는 기분이다. 종무소 앞의 거대한 바위에는 고사리가 군락으로 자라고 있다. 이어 천봉선사 탑비에서 작은 문을 통과하면 천중선원(天中禪院)이다. 선원은 망월사에서 가장 풍광이 빼어나고 너른 터에 자리잡았다. 그만큼 망월사의 핵심 지역이라는 뜻이다. 일제시대 용성스님은 당시 몰락한 우리나라 선불교 전통을 이곳에서 일으켜 세웠고, 만공 · 한암 · 전강 · 성월 · 춘성 등 당대의 내로라하는 거물급 선승들이 모두 천중선원을 거쳐갔다. 그래서 선원에는 지금까지 엄격한 선 전통이 내려오고 많은 스님이 그 가르침을 따라 용맹정진하고 있다.

천중선원 앞에서 철계단을 오르면 영산전인데, 그 앞에서 조망이 시원하게 뚫린다. 영산전 안의 부처님은 알듯 말듯한 미소를 지으면 속세를 지긋이 내려보고 있다. 하산은 올라온 길을 천천히 되짚어 내려온다.

영산전 아래의 절벽에는 천봉선사 부도와 탑비가 숨어 있다.

산길 친구

원도봉계곡은 서울
이 아닌 의정부 지
역에 속해 도봉산
산길 중에서 호젓
한 편이다. 망월사
역을 들머리로 원도봉계곡을 타고 망월사까지
는 약 2㎞, 1시간 20분쯤 걸린다. 망월사에서
좀 더 산행을 하고 싶으면 도봉산 암릉의 백미
인 포대능선을 타고 도봉산계곡으로 내려온다.

가는 길과 맛집
경기도 의정부시 호원동

교통
국철 1호선 망월사역에서 내리면 바로 엄홍길 기념관이 나온다. 여
기서 우회전해 신흥대학 입구를 지나 15분쯤 올라가면 원도봉 탐방
안내소를 만난다.

맛집
원도봉계곡의 진고개(031-873-4100)는 깔끔한 한정식집으로 자연 조
미료를 고집하는 맛집이다. 한정식 1인분에 1만 원.

대성암 위 전망대에서 본 한강. 멀리 덕소에서 흘러오는 한강의 유장한 흐름이 아차산 최고의 절경이다.

온달 장군 전사한 산성 너머
한강은 유유히 흐르네

서울 아차산·용마산

광나루역 ▶ 아차산 ▶ 용마산 ▶ 사가정역

서울 광진구와 경기 구리시에 걸쳐 있는 아차
산(287m)은 있는 듯 없는 듯 슬그머니 솟아 있
다. 높이가 300m를 넘지 못하고 산자락이 도
심과 뒤섞여 있는 까닭이다. 나무가 적고 능선
에 드문드문 암반이 드러나 볼품없어 보이지
만, 역사적 무게는 지리산에 견줄 만하다. 삼
국시대 백제의 개로왕이 처형당하고 고구려의
온달 장군이 전사한 역사의 현장이기 때문이
다. 왜 아차산에서 이렇게 굵직한 사건들이 일
어났던 것일까?

용마산에서 북서 능선을 타고 하산하면 중랑천, 북한산과 도봉산, 불암산과 수락산, 의정부 일대가 한눈에 들어온다.

서울 한복판에 남아 있는 고구려의 유적

　　　　남한 땅에 남아 있는 고구려의 흔적은 드물다. 고구려의 활동 무대가 북한과 만주 지역인 까닭이다. 하지만 등잔 밑이 어둡다고 서울의 한복판인 아차산에 고구려 유적이 산재해 있다. 아차산은 높지 않고 산세가 부드러워 아이들의 역사 공부를 겸한 가족 나들이로 좋겠다. 산행 코스는 광나루역을 들머리로 아차산생태공원에서 능선에 올라 고구려 군사 유적인 보루를 들러보고 하산하는 길이 정석이다.

지하철 5호선 광나루역 1번 출구로 나와 광장초등학교 뒷길로 올라가면 아차산생태공원이 나온다. 아기자기하게 잘 꾸며진 공원에는 바보 온달과 평강공주의 동상이 서 있어 이곳이 고구려의 활동 무대였음을 알려준다. 산행은 자연식물 관찰로를 따르는데, '우리꽃 향기를 담고'라고 써진 커다란 안내판이 있어 찾기 쉽다. 안내판 뒤로 난 계단을 따르면 느닷없이 소나무 군락이 펼쳐진다. 시원한 솔숲 사이로 맥문동, 노루오줌 등의 야생화가 가꾸어져 있다. 여기서 목계단을 따라 15분쯤 오르면 아차산성을 알리는 푯말이 나온다.

아차산성은 백제가 세우고 고구려가 빼앗았다가 신라가 최종 점령한 곳이다. 475년 고구려 장수왕이 3만 대군을 이끌고 산성을 점령했고 이때 백제 개로왕이 아차산성으로 압송돼 죽음을 당했다. 그래서 백제는 수도를 한성에서 웅진(공주)으로 옮기게 된 것이다. 그 후 아차산성의 주인은 신라로 넘어가고, 590년 고구려 평원왕의 사위이자 평강공주의 남편이었던 온달 장군이 성을 수복하고자 싸우다 이곳에서 전사하고 만다.

산성에서 20분쯤 완만한 능선을 따르면 해맞이 광장에 닿는다. '서울의 우수경관 조망 명소'인 해맞이 광장은 매년 1월 1일 해맞이 행사가 열리는 곳이다. 이곳 전망대에서는 동쪽에서 흘러온 한강이 올림픽대교와 잠실대교 밑으로 유유히 흐르는 모습이 볼 만하다. 여기서 10분쯤 더 오르면 제1보루가 나타난다. 고구려의 군사 유적인 보루는 적의 침공을 저지하면서 봉화대를 이용해 상부에 연락을 취하는 곳으로 요즘의 군 초소와 같은 곳이다. 아차산 능선에 산재한 보루는 아직도 발굴 중인데, 온돌, 토기, 도끼 등의 고구려의 유물들이 무더기로 쏟아져 나왔다.

1보루를 지나면서 시야가 시원하게 트인다. 앞쪽으로 용마산(348m)이 제법 우뚝하고 그 왼쪽으로 북한산 인수봉과 백운대가 하늘을 찌르고 있다. 이어 제5보루를 지나고 대성암 입구 표지판을 만나게 된다. 여기서 대성암 방향으로 5분쯤 가면 기막힌 전망대가 나오므로 잠시 이곳에 들렀다가 가는 것이 좋겠다. 전망대는 소나무 그늘이 시원한 곳으로 북쪽으로는 시퍼런 한강 너머 검단산과 남한산 일대가 장쾌하게 펼쳐진다. 강 건너 동쪽은 강동구로 풍납토성과 몽촌토성이 지척이다. 이곳에 서니 아차산성을 점령한 고구려의 장수왕이 한강 너머 풍납토성에 진을 친 백제 군영을 굽어보는 모습이 눈에 선하다.

삼국시대의 전략 요충지

용마산에서 느즈막히 하산하다 보면 남산 옆으로 지는 노을을 만날 수 있다.

　　　　다시 능선으로 돌아가 발길을 재촉하면 3보루와 4보루를 차례로 만난다. 아쉽게도 이곳 보루는 발굴 중이라 안으로 들어갈 수 없다. 아차산의 정상인 4보루를 지나면 널찍한 헬기장 삼거리가 나온다. 삼거리에서 오른쪽 능선은 망우산 가는 길이고, 용마산은 왼쪽 능선을 따라야 한다. 500m쯤 아기자기한 암릉을 따르면 삼각 철탑이 서 있는 용마산 정상에 닿는다. 본래 용마산은 아차산의 가장 높은 봉우리 중의 하나인데, 지금은 용마산으로 부르고 있다. 정상의 철탑은 해발고도를 측량하는 장비이고, 그 옆에 '서울시 우수조망' 안내판이 서 있다. 하지만 안내판과 다르게 주변 잡목에 가려 조망이 좋지 않다.

하산은 남쪽 능선이 아니라 북서쪽 능선을 따라가는 게 좋다. 그래야 드넓은 강북과 의정부 땅을 볼 수 있다. 5분 정도 가면 시야가 뚫리면서 하늘을 찌르는 북한산이 나타나고, 오른쪽으로 불암산과 수락산이 펼쳐진다. 시계 방향으로 서울을 수호하는 북한산, 도봉산, 수락산, 불암산이 한눈에 잡힌다. 시원한 풍경을 계속 감상하며 내려오면 커다란 돌탑을 만난다. 이어 급경사가 잠시 이어지면서 성원아파트 앞으로 내려서게 된다. 이곳에서 5호선 사가정역까지는 7분 거리다.

아차산생태공원의 산행 들머리

산길 친구

아차산 들머리는 아차산역과 광나루역 모두 가능하지만, 광나루역이 좀 더 가깝다. 아차산 산길은 아이들과 역사 공부를 겸한 나들이로 좋겠다.

가는 길과 맛집
서울특별시 광진구 광장동

교통
지하철 5호선 광나루역 1번 출구로 나와 '아차산생태공원' 이정표를 따른다. 전철역에서 15분쯤 걸린다.

맛집
산행이 끝나는 사가정역 근처의 무교동낙지나라(02–438–5020)는 이 일대에서 제법 유명한 맛집이다.

문경새재에서 가장 수려한 풍광을 보여주는 주흘관. 백두대간이 흐르는 왼쪽 조령산과 문경의 진산인
오른쪽 주흘산이 당당하게 버티고 섰다.

굽이굽이 옛이야기 들려주는
정다운 길

문경새재 과거길

주흘관 ▶ 조곡관 ▶ 조령관 ▶ 수옥폭포

산행 도우미

▶ 걷는 거리 : 약 10km
▶ 걷는 시간 : 4~5시간
▶ 코   스 : 주흘관~조곡관~
　　　　　　　조령관~수옥폭포
▶ 난 이 도 : 무난해요
▶ 좋을 때 : 사계절 좋아요

바야흐로 걷기의 전성기다. 걷기여행, 등산,
트레킹 등 걷기를 기본으로 하는 여가 생활이
폭발적으로 늘어나면서 전국적으로 걷기 좋은
길들이 속속 등장하고 있다. 이러한 시기에 우
리나라 옛길의 대표격인 문경새재는 그야말로
길의 고전(古典)이라 할 수 있다. 고전이 시대를
뛰어넘어 오늘날까지 깊은 울림을 가지듯, 문
경새재 역시 오래된 길이 내뿜는 그윽한 향기
로 가득하다. 문경새재가 특별한 것은 다른 옛
길과 달리 길이 살아 있다는 점이다. 험준한 백
두대간 사이로 뻗은 흙길은 예전이나 지금이나
많은 사람들이 북적거려 활기가 넘친다.

새재 고갯마루인 조령관에서 본 풍경. 오른쪽으로 보이는 험준한 봉우리가 조령산이다.

그윽한 향기 내뿜는 길의 고전

　　우리나라처럼 도로 닦는 데 일가견이 있는 나라에서 문경새재가
흙길로 남은 것은 기적에 가까운 일이다. 1970년대 국토개발을 진두지휘
했던 고 박정희 대통령이 유독 이 고갯길만큼은 포장하지 말라고 지시해
천만다행으로 남은 흙길이다. 새재는 문경 쪽 주흘관(제1관문)에서 고갯마
루의 조령관(제3관문)까지 6.5㎞가 비포장이고 반대편 충북 괴산 쪽은 포장
되었다. 그래서 사람들은 대개 문경 쪽에서 시작해 조령관까지 갔다가 되
돌아 내려오곤 한다. 하지만 새재의 전모를 살펴보려면 고갯마루를 넘어
고사리 수옥폭포에서 마무리하는 코스가 정석이다.
문경새재 주차장을 지나 '한국의 아름다운 길'이란 간판을 만나면서 마음
이 설렌다. 그 길을 따르면 왠지 하늘까지 올라갈 것 같은 기분이다. 옛
길박물관을 지나면 돌로 쌓은 성문인 주흘관의 웅장한 모습이 펼쳐진다.

주흘관은 그 뒤로 암봉이 두드러진 조령산(1,025m), 문경의 진산인 주흘산 (1,075m)과 어울려 범접할 수 없는 기품을 물씬 풍긴다. 성문 앞에는 감나무 한 그루가 그늘을 드리우고 있어 정겹다.

나는 새도 쉬어 넘는 고개라는 뜻인 새재는 조선 태종 때에 새로 뚫린 길이 다. 영남에서 한양으로 올라가려면 새재 외에도 죽령과 추풍령, 계립령 (하늘재) 등을 넘을 수 있었다. 하지만 과거를 보러 가던 선비들은 유독 문경 새재를 선호했다. 죽령은 너무 멀었고, 추풍령은 과거시험에 추풍낙엽처 럼 떨어진다는 설이 있었기 때문이다. 호남의 선비들조차 멀고 먼 이 길을 휘휘 돌아갔다고 하니, 새재는 곧 소망의 길이란 믿음이 조선 팔도에 광범 위하게 퍼져 있었던 모양이다.

주흘관을 지나면 왼쪽으로 드라마 〈태조 왕건〉을 촬영했던 KBS 세트장 이 나온다. 마치 민속촌처럼 기와와 초가가 적당히 섞여 있는데, 입장료 2,000원을 받는다. 다시 호젓한 길을 따르면 조령원터와 교구정이 차례로 나타난다. 조령원은 옛 관리들을 위한 숙박 시설이고 교구정은 경상도 감 찰사 이취임식이 열리던 곳인데, 그 앞의 구부러진 소나무가 일품이다. 교 구정 앞에서는 잠시 계곡 구경을 하는 것이 좋다. 숨어 있는 용추약수에서 목을 축이고, 계곡을 따라 오르면 용추폭포에 닿는다. 팔왕폭포라고도 부 르는 이 폭포는 암반이 발달해 계곡미가 수려하다. 예전에는 이곳에서 기 우제를 지냈다고 한다.

과거 급제 기원하는 책바위

다시 길을 나서 500m쯤 가면 훈민정음으로 쓴 '산불됴심' 표석 이 눈에 들어오고, 시원한 물소리와 함께 조곡폭포가 나타난다. 이곳은 문 경시에서 만든 인공폭포지만 여름철에는 바라보기만 해도 시원하기 그지 없다. 폭포를 지나면 2번째 관문인 조곡관을 만나게 된다. 성문 안으로 들 어서면 미끈한 금강송들이 반기고, 드문드문 물박달나무가 눈에 들어온 다. "문경새재 물박달나무/홍두깨 방망이로 다 나간다/홍두깨 방망이 팔

자 좋아/큰 애기 손질에 놀아난
다/아리랑 아리랑 아라리요/아
리랑 고개로 넘어간다…" 노래가
흘러나오는 곳은 새재아리랑 비
석 앞. 아리랑 가락에 발걸음을
맞추면 어깨춤이 절로 난다.
동화원휴게소를 지나 '장원급제
길'이라는 소로로 접어들면 과거
보러 가던 선비들이 급제를 기원
하던 '책바위'가 나온다. 돌을 책
처럼 쌓아놓은 책바위는 선비들
이 하나 둘 찾아와 장원급제의
소원을 빌었고, 오늘날에도 해마
다 입시철이면 학부모들이 찾아
와 합격을 기원한다고 한다.
책바위를 지나면 조령관이 서 있

새재를 넘어 괴산 고사리에서 만난 수옥폭포. 깎아지른 절벽
에서 쏟아지는 물줄기와 울창한 숲이 장관이다.

는 새재 고갯마루에 도착한다.
이곳은 제법 널찍한 공터로 조
령산과 주흘산 일대가 시원하게
보인다. 관문을 지나면 이제 충
북 괴산 땅인데, 제일 먼저 포장
도로가 나타나 눈살을 찌푸린다.
팍팍한 도로를 좀 내려가면 조령
산 자연휴양림 안으로 들어가는

새재 고갯마루인 조령관

길이 있다. 휴양림을 지나면 수려한 신선봉(967m)이 올려다보이는 고사리
마을에 이른다. 주차장 삼거리에서 왼쪽 길을 따라 20분쯤 내려가면 수옥
폭포다. 계곡에 발을 담그며 약 20m 절벽에서 쏟아지는 물줄기를 바라보
며 새재 걷기를 마무리한다.

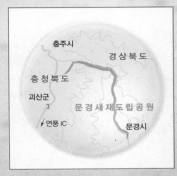

산길 친구

문경새재는 문경 쪽은
흙길, 괴산 쪽은 포장
도로가 깔렸다. 문경
새재 탐방은 보통 고
갯마루를 넘어 고사리
주차장까지 걷는다. 주차장에서 수옥폭포까지 40
분쯤 걸리는데, 차가 뜸해 걸을 만하다. 주흘관~
고갯마루~수옥폭포까지는 약 10km, 4시간쯤 걸
린다. 문경새재 관리사무소 054-571-0809.

가는 길과 맛집
경상북도 문경시 문경읍 각서리

교통
동서울종합터미널(1688-5979)에서 문경 가는 버스는 06:30~20:00
대략 1시간 간격으로 운행한다. 2시간쯤 걸린다. 문경시외버스터미널
에서 문경새재 가는 버스가 뜸해 택시를 이용한다. 요금 5,000원선.

맛집
문경새재 관문 앞의 소문난집(054-572-2255)은 청포묵조밥과 도토리
묵조밥을 잘하고, 고사리에서 가까운 수안보의 투가리식당(043-846-
0575)은 올갱이국밥이 소문난 집이다.

관악산에서 가장 바위미가 좋다는 팔봉능선. 장맛비가 그치며 잠시 맑은 하늘이 드러났다.

불꽃산의 순정을
아시나요?

서울 관악산 무너미고개

관악유원지 ▶ 무너미고개 ▶ 안양예술공원

산행 도우미
▶ **걷는 거리** : 약 7㎞
▶ **걷는 시간** : 3~4시간
▶ **코   스** : 관악유원지~
　　　　　　 무너미고개~
　　　　　　 안양예술공원
▶ **난 이 도** : 무난해요
▶ **좋을 때** : 봄부터 가을까지 좋아요

서울의 조산(朝山)인 관악산(632m)은 전형적인 화산(火山)이다. 서울, 과천, 시흥, 안양 등 어느 곳에서 바라봐도 불꽃처럼 펼쳐진 웅장한 산세를 볼 수 있다. 주릉, 팔봉능선, 육봉능선 등 관악산이 거느린 산줄기는 예외 없이 바위가 발달해 어느 등산로를 택하든지 험한 암릉을 만나게 된다. 하지만 관악산은 예상 외로 시원한 계곡이 흐르는 부드러운 길을 숨기고 있는데, 그곳이 무너미고개다. 험준한 관악산이 무너미고개를 품은 모습은 마치 무뚝뚝한 사내가 애틋한 순정을 가슴 고이 간직한 것처럼 느껴진다.

팔봉능선에서 본 삼성산과 서해 일대. 왼쪽 첨탑이 서 있는 곳이 삼성산 정상이고, 오른쪽 멀리 가장 높은
봉우리가 계양산이다.

관악산과 삼성산을 이어주는 무너미고개

　　　　무너미고개는 관악산과 삼성산(478m)이 연결되는 꼭짓점이다.
지도를 보면 관악산과 삼성산은 남북으로 평행선처럼 우락부락한 암릉을
늘어뜨리면서 슬그머니 오른손과 왼손을 내밀어 서로 맞잡고 있다. 관악
산은 알아도 삼성산을 모르는 사람이 많은데, 아우 격인 삼성산은 삼막사
를 품은 명산으로 관악산을 더욱 돋보이게 한다. 마치 북한산이 옆에 있는
도봉산 덕분에 더욱 화려해 보이는 이치와 같다.

무너미고개는 서울 관악구와 경기도 안양을 이어주는데, 고갯마루를 정점
으로 양편 모두 시원한 계곡이 이어져 여름철 산행으로 그만이다. 특히 이
길은 비탈이 거의 없고 안양 쪽으로 서울대 수목원이 자리잡아 가족 단위
생태산행 코스로 각광받고 있다. 산행 코스는 서울대 옆의 관악유원지에

서 시작해 안양예술공원으로 넘어가는 게 정석이다.

서울대 입구의 관악유원지는 시원한 계곡과 호수공원, 다양한 등산로가 펼쳐져 등산객뿐 아니라 시민들이 즐겨 찾는 곳이다. 주차장과 식당 건물이 들어선 광장에서 '관악산 공원'이라 써진 커다란 일주문을 들어서면서 산행이 시작된다. 일주문을 지나자마자 '야생화 학습장'이 나오는데, 연꽃, 여우꼬리, 노루오줌 등이 꽃을 피웠다. 여기서 15분쯤 가면 호수공원 입구에서 길이 갈린다. 삼성산은 직진, 무너미고개로 가려면 왼쪽 호수공원으로 들어가야 한다.

호수공원은 옛 수영장 부지에 약 2,645㎡(800평)규모로 조성한 인공호수다. 정자에서 내려다보는 공원의 모습이 그럴듯하다. 호수공원을 지나면 시원한 계곡길이 이어진다. 계곡은 제법 수량이 많아 아이들은 물놀이 재미에 푹 빠졌고, 어른들은 발을 담그며 피서를 즐긴다. 이어지는 완만한 계곡을 따르면 아카시아 동산을 지나 널찍한 공터인 제4야영장에 닿는다. 여기서 길이 갈리는데, 왼쪽은 연주대 방향으로 대부분 사람들은 그곳을 간다. 무너미고개로 이어지는 길을 따르면 인적도 뚝 끊겨 호젓하기 그지 없다. 삼막사 길이 갈라지는 삼거리 약수터에서 목을 축이고 15분쯤 가면 무너미고개 정상에 닿는다. 관악유원지에서 여기까지 가파른 길 하나 없이 그야말로 구렁이 담 넘듯 고갯마루에 올랐다.

고개 정상은 참으로 볼품없다. 옛사람들이 오가며 쌓아놓은 서낭당 돌무더기도, 잠시 숨을 돌릴 작은 공터도 없다. 이곳을 통해 관악산과 삼성산이 연결된다는 것이 놀라울 뿐이다. 어쩌면 두 산이 만나면서 서로 자신을 낮추었기에 그런 것은 아닐까.

관악산이 만든 한양의 풍경

고개 정상에서 5분쯤 내려오면 징검다리가 놓인 널찍한 계곡을 만난다. 다리를 건너면 삼거리다. 왼쪽 길은 팔봉능선, 오른쪽 큰길이 하산 코스다. 여기에서 잠시 관악산에서 가장 바위미가 좋다는 팔봉능선의 제1

관악산과 삼성산이 연결된 무너미고개는 양편으로 수려한
계곡을 품고 있어 여름철 산행 코스로 좋다.

자연과 예술 작품이 어우러진 안양예술공원

봉에 들르는 것이 좋겠다. 왼쪽을 따라 5분쯤 가면 팔봉능선을 타게 되고,
15분쯤 가파른 오르막을 오르면 암반이 나타나며 제1봉에 올라붙는다. 이
곳에서 바라보는 전망이 일품이다. 동쪽으로 관악산의 넉넉한 품이 일품이
고, 서쪽 계곡 건너편 삼성산의 수려한 암릉도 예사롭지 않다. 북쪽으로는
하늘과 맞닿은 북한산 아래로 서울 도심이 유감없이 펼쳐진다.

관악산이 서울에 미친 영향은 생각보다 지대하다. 조선왕조 건국 과정에
적극적으로 참여한 무학대사에게 관악산은 눈엣가시였다. 새 도읍지로 한
양만한 곳이 없었으나 남쪽으로 한강 너머에 자리잡은 관악산의 기가 너
무 셌다. 다행히 북한산의 기가 관악산보다 웅혼했기에 한양 천도를 결정
할 수 있었다. 그래도 마음을 놓지 못한 무학은 관악산의 화기를 누르고자
관악산 정상 일대에 연못을 팠고, 광화문 옆에 해태상을 세웠다. 또한 불
로 불을 제압하는 원리로 음양오행설에 따라 불을 상징하는 '례' 자를 써
서 사대문 중의 남쪽 문을 숭례문이라 이름지었다. 그리고 숭례문 현판 글
씨가 불에 잘 타도록 세로로 달았다. 이러한 모든 노력이 관악산에서 비
롯된 것이다.

다시 삼거리로 내려와 휘파람이 절로 나는 길을 30분쯤 따르면 서울대 수
목원 뒷문을 만난다. 수목원은 예약제로 운영하는 관계로 대개 문이 닫혀
있는데, 운이 좋으면 문이 열리기도 한다. 수목원을 오른쪽으로 우회하는
산길을 따라 다시 20분쯤 내려오면 안양예술공원에 닿는다.

산길 친구

무너미고개 산길은 시종일관 계곡을 낀 호젓한 숲길이다. 무너미고개를 넘어 전망이 좋은 팔봉능선에 다녀오려면 1시간쯤 잡아야 한다.
관악산 정상인 연주대를 거쳐 사당역으로 내려오는 코스는 약 9㎞, 4시간쯤 걸린다.

가는 길과 맛집
서울특별시 관악구 신원동

교통
지하철 2호선 서울대입구역 3번 출구에서 서울대행 버스를 타고 관악유원지 정거장에서 하차한다. 안양예술공원은 1호선 관악역에서 걸어서 15분 걸린다.

맛집
하산 지점인 안양예술공원에는 맛집도 많다. 3대째 자리를 지킨 봉암집(031-471-7248)은 백숙을 잘하고 장비빔국수(031-472-7978)는 간단히 막걸리 마시기 좋다.

조무락골은 상류에서 하류에 이르기까지 폭포, 소와 담이 즐비하여 계곡 전체가 비경이라 해도 과언이 아니다.

산새도 폭포도 즐거워
조무락거리는 계곡

가평 조무락골

38교 ▶ 조무락골 ▶ 석룡산 ▶ 38교

화악산(1,468m), 명지산(1,267m), 국망봉(1,168m)
등 쟁쟁한 산들이 포진한 경기도 가평은 강원도
가 부럽지 않은 산국(山國)이다. 이곳에 1,000m
가 넘는 산들이 몰려 있는 것은 한북정맥(한강
북쪽을 흐르는 산줄기)이 흐르고 있기 때문이다.
가평은 산이 높은 덕분에 물도 많다. 익근리계
곡, 용추계곡, 백둔계곡 등은 수도권 시민들의
휴양지로 인기가 높다. 그중에서 화악산과 석
룡산(1,153m) 사이에 숨어 있는 조무락골은 다
른 곳에 비해 찾는 사람이 뜸하고 식생이 좋아
연중 차고 맑은 물이 콸콸 흘러넘친다. 약 6㎞
에 이르는 계곡에는 소와 담, 폭포가 상류에서
하류까지 고르게 발달해 전체가 비경 지대라 해
도 과언이 아니다. 특히 계곡 중간에 자리잡은
복호동폭포는 조무락골의 아름다움을 대표하
고 있다.

조무락골 최고의 비경인
복호동폭포

약 20m 높이에서 이리저리 꺾여 쏟아져 내리는 변화무쌍한 복호동폭포

산행 코스는 조무락골을 따라 석룡산에 올랐다가 능선을 타고 조무락골로 내려오는 원점회귀 방식이 정석이다. 조무락은 숲이 울창해서 산새들이 조무락(사투리로 재잘거린다는 의미)거린다고 해서 붙여진 이름이다. 새들이 춤추고 논다 해서 '조무락(鳥舞樂)'이라 하기도 한다. 조무락골의 들머리는 시내버스 종점인 용수목 근처의 38교다. 38교를 건너자마자 우회전하면 조무락골로 들어가게 된다. 이곳 초입 500m 정도는 조무락골이 유명해지면서 우후죽순처럼 식당과 펜션이 들어서 산만하다. 하지만 이곳을 지나면 비포장길이 나오면서 고요한 숲이 펼쳐진다.

우렁찬 물소리를 들으며 15분쯤 들어가면 불쑥 펜션 건물이 나온다. 조무락골에 반한 장호익 씨가 7년 전에 자리잡은 펜션 '조무락'이다. 집 앞마당에서 보는 화악산 풍경이 근사하다. 펜션에서 5분쯤 가면 길 오른쪽에 허름한 민가가 보이는데, 이곳은 대대로 조무락골에서 살아온 임오준 씨 농가다. 임 씨는 대를 이어 토종꿀통을 지키며 6대째 기거하고 있다. 농가에서 좀 더 오르면 조무락골의 마지막 집인 '조무락산장'이 나오고, 그 앞은 삼거리다.

왼쪽은 석룡산으로 오르는 능선길로 하산 코스가 된다. 계속 계곡을 따르면 비포장길이 등산로로 바뀐다. 울창한 잣나무들 사이로 난 오솔길을 따르다 두어 번 계곡을 건너면 거대한 독바위가 나온다. 이 바위는 보는 각도에 따라 마치 호랑이 얼굴처럼 보이기도 하는데, 바위 표면이 마치 호랑이 가죽과 같은 무늬가 있어 신기하다. 독바위를 지나면 복호동폭포 갈림길, 폭포는 등산로에서 오른쪽으로 50m쯤 들어가야 한다. 폭포로 가는 길은 유독 공기가 서늘하고 이끼와 고사리 같은 식물들이 가득해 마치 강원도 심산유곡에 들어온 느낌이다.

복호동폭포는 폭이 좁고 그리 높지 않은 작은 폭포처럼 보인다. 하지만 높이가 약 20m에 이르는 5단 폭포로 정면에서 보면 상단은 보이지 않는다. 폭포 왼쪽의 바위 지대에 오르면 물보라를 일으키며 맹렬하게 떨어지는 숨은 2단 폭포의 장관을 볼 수 있다. 다시 폭포 갈림길로 내려와 10분쯤 더 오르면 두 물줄기가 장쾌한 쌍룡폭포에 이르고 여기서 15분쯤 더 가면 삼거리에 닿는다. 삼거리에서 석룡산은 왼쪽이고, 오른쪽 계곡 건너는 길은 화악산 중봉으로 이어진다.

경기 최고봉 화악산의 웅장한 품

조무락골 계곡 구경이 목적이라면 삼거리에서 되돌아가는 것이 좋겠다. 삼거리에서 왼쪽 길을 따르면 계곡과 헤어지면서 완만한 오름길이 시작되고 길섶에서 눈개승마, 우산나물, 까치수염 등의 여름 들꽃들이 살랑거리며 반겨준다. 2시 방향으로 웅장한 화악산의 품을 바라보며 20분쯤 오르자 쉬밀고개에 도착하면서 능선에 올라붙게 된다. 쉬밀고개에서 왼쪽 능선을 따라 15분쯤 가면 석룡산 정상에 닿는다.

정상은 잡목에 가려 조망이 트이지 않는다. 그래서 사람들은 대개 일찍 자리를 뜬다. 15분쯤 더 능선을 타면 1155봉에 닿게 되는데, 이곳은 석룡산과 화악산 조망이 제법 좋다. 1155봉에서 길이 희미한 북서쪽 능선을 타면

복호동폭포 근처에는 만난 구실바위취. 깊은 산 속 응달에
사는 식물이다.

가짜 꽃으로 곤충을 유혹하는 산수국

도마치봉에 이르고, 이정표를 따라 길이 좋은 남서쪽 능선을 밟으면 조무
락골로 하산할 수 있다. 하산을 시작하여 300m 정도 내려가다 보면 왼쪽
으로 절벽으로 뻗은 소로가 나있다. 이 길은 쉽게 지나칠 수 있으니 주의
깊게 봐야 보인다. 이곳이 석룡산 최고의 전망대다. 경기 오악의 하나이자
경기도의 최고봉 화악산의 드넓은 품과 거미줄처럼 펼쳐진 조무락골이 장
관으로 펼쳐진다. 전망대에서 1시간쯤 내려오면 조무락 산장 삼거리에 닿
으며 조무락골을 다시 만나게 된다.

산길 친구

38교 입구에서 복호동 폭포까지는 2.7㎞, 1시간쯤 걸린다. 물놀이가 주목적이면 이곳까지 다녀온다. 장거리 산행을 즐기는 산꾼들은 조무락골~쉬밀고개~화악산 북봉~화악터널 약 9.2㎞, 7시간 코스를 즐긴다.

가는 길과 맛집

경기도 가평군 북면 제령리

교통

가평으로 가는 버스는 동서울종합터미널(1688-5979)과 상봉터미널(02-323-5885)에서 아침 일찍부터 수시로 있고, 청량리 환승센터에서 1330-2, 1330-3번 버스가 06:40부터 약 30분 간격으로 다닌다. 가평→용수동(조무락골 입구) 09:00 11:00 15:00 16:40 17:20, 용수동→가평 07:00 10:10 12:00 16:10 17:50.

맛집

조무락골 경치 좋은 곳에 자리한 조무락펜션(031-582-6060)의 허브 삼겹살이 별미다. 1인분 9,000원.

중원폭포로 뛰어드는 마을 청년. 수도권에서 가까운 중원계곡은 수량이 풍부하고 물은 얼음처럼 차갑다.

용문산이 감춘 양평 제일의
청정계곡

양평 중원계곡

중원리 ▶ 중원계곡 ▶ 도일봉 ▶ 중원리

산행 도우미
▶ 걷는 거리 : 약 10.4km
▶ 걷는 시간 : 5~6시간
▶ 코　　　스 : 중원리~중원계곡~
　　　　　　　도일봉~중원리
▶ 난 이 도 : 조금 힘들어요
▶ 좋을 때 : 여름, 가을에 좋아요

오래전부터 중원계곡은 양평 시민들이 즐겨
찾는 여름철 휴가지였다. 물 좋기로 유명한 가
평의 용추계곡, 백둔계곡, 조무락골이 부럽지
않은 청정계곡이다. 용문산(1,157m) 동쪽 자락
에 꼭꼭 숨어 있어 외지인들은 언감생심 그 존
재를 알 수 없었다. 그러다 시나브로 입소문이
나고, 계곡산행을 즐기는 산꾼들이 찾아들면
서 널리 알려지게 되었다. 중원계곡은 원시림
을 방불케 하는 울창한 수림에, 크고 작은 폭
포들이 장관을 이룬다. 더욱이 수도권에서 가
깝고 산길이 험하지 않아 여름 휴가철 가족 산
행지로 제격이다.

중원계곡의 비경 중원폭포의 위용

　　남한강의 수문장 양평 용문산은 기개 넘치는 용의 형상으로 수도 서울을 호위하고 있다. 그 기세는 동쪽의 중원산(800m)과 도일봉(864m)으로 이어지는데, 중원계곡은 두 봉우리 사이를 약 6㎞ 흐르는 깊은 계곡이다. 용문산과 도일봉의 뿌리는 오대산 두로봉(1,422m)에 닿아 있다. 오대산에서 계방산(1,577m), 오음산(930m), 용문산, 유명산(866m) 등을 지나 양수리에서 마감하는 산줄기를 한강기맥으로 부른다. 산행 코스는 중원계곡을 따라 싸리재에 오른 뒤에 도일봉까지 능선을 타고, 다시 중원계곡으로 내려오는 것이 정석이다. 거리는 10.4㎞, 5시간쯤 걸린다.

산행 들머리는 주차장을 지나 최근에 세운 펜션 건물을 오른쪽으로 끼고 나있다. 5분쯤 들어가면 첫 번째 계곡을 건너는데, 그 규모와 얼음처럼 차가운 물에서 심상치 않은 계곡임을 직감한다. 이어 낙석지대를 지나면 우렁찬 물소리와 함께 중원폭포가 나타난다. 주차장에서 중원폭포는 불과 1

도일봉 정상은 용문산 조망이 압권이다. 비석 너머로 용문 시내가 시원하게 펼쳐진다.

km, 10여 분 거리에 불과하다. 중원계곡 최고의 비경이 마을에서 가까운 것이 산꾼들은 불만이지만, 가족단위 피서객들에게는 그야말로 축복이다. 수영장처럼 드넓은 소와 아담한 폭포를 거느린 중원폭포는 주변이 깎아 지른 벼랑으로 둘러싸여 풍광이 빼어나다. 피서객들이 옹기종기 모여 발을 담그고, 동네 청년은 바위에 올라와 심호흡을 한 번 하더니 다이빙을 한다. 물속은 다이빙해도 머리가 닿지 않을 정도로 깊다. 폭포 앞에서 나무계단을 따라 오르면 폭포의 전모가 드러난다. 상단은 긴 와폭의 형태로 3~4m 높이의 물줄기가 서너 번 이어지다가 마지막으로 넓은 웅덩이로 떨어지는 것이다.

중원폭포를 지나면 인적이 뜸해지지만 빼어난 계곡은 계속된다. 15분쯤 올라 작은 폭포를 지나면 제법 넓은 계곡을 만나는데, 물이 많아 설치된 로프를 잡고 건너야 한다. 이어지는 갈림길. 오른쪽으로 '도일봉 2.7㎞'라 써진 이정표를 따라 도일봉으로 오르는 길이 나 있다. 나중에 도일봉에서 이 길로 하산하기 때문에 눈여겨 봐둔다. 싸리재로 가는 길은 계속 계곡을 따른다. 작은 고개를 넘어 원시성이 물씬 풍기는 길을 20분쯤 오르면 다시 삼거리. 왼쪽은 중원산, 직진이 싸리재다. 이제 계곡과 헤어져 완만한 비탈을 20분쯤 오르면 싸리재에 닿으며 한강기맥 위에 올라서게 된다.

한강기맥에 뿌리를 둔 도일봉

제법 펑퍼짐한 공터에 원추리들이 어우러진 싸리재는 그야말로 무주공산이다. 정적을 깨뜨리는 딱따구리와 뻐꾸기의 울음소리도 곧 우거진 수풀 속으로 잠긴다. 싸리재에서 중원산까지는 5.12㎞, 도일봉은 1.57 ㎞ 거리다. 동쪽 도일봉 방향을 잡고 호젓한 능선을 15분쯤 따르면 싸리봉이다. 삼각점이 있고 나무 벤치가 있지만 전망은 좋지 않다. 싸리봉을 지나 이름 없는 봉우리 하나를 넘으면 소나무 사이로 웅장한 용문산이 슬쩍 고개를 내민다. 도일봉이 가까워지면서 능선은 암릉으로 바뀐다. 제법 가파른 길을 20분쯤 오르면 시야가 뻥 뚫리는 정상이다. 정상에는 안내판과

넓은 헬기장이 있고, 바위 위에 올려진 도일봉 비석이 멋지다. 비석 옆에서 시원한 조망이 터진다. 동쪽으로 주변을 압도하는 웅장한 봉우리가 용문산이다. 정상에 레이더기지 같은 건물이 있어 쉽게 찾을 수 있다. 용문산과 이어진 뾰족한 백운봉이 귀엽게 보인다. 양평 옥천면 일대에서 하늘을 찌르는 기세가 여기서는 맥을 못 춘다. 용문산 앞쪽으로 손을 뻗으면 닿을 것 같은 봉우리가 중원산이고, 그 아래 협곡이 올라온 중원계곡이다. 그동안 거쳐온 싸리재와 싸리봉의 모습을 확인하는 것도 보람차다. 시선을 남쪽으로 돌리면 단월면과 용문면 시내가 나타난다. 하산은 중원계곡으로 내려서

도일봉에서 본 용문산 능선

용문산 동쪽 자락에 숨은 중원계곡은 원시림을 방불케 하는 울창한 수림에 크고 작은 폭포들이 장관을 이룬다.

야 한다. 산불 감시를 위해 세운 철탑 아래에 하산을 알리는 이정표가 있다. 이정표를 좇아 5분쯤 능선을 타면 갈림길이 나온다. 갈림길에는 오른쪽으로 내려서는 길을 따르면 중원계곡으로 뻗어간 지릉을 타게 된다. 바위가 많은 지릉은 서서히 고도를 낮추다가 계곡 물소리가 들리는 지점에서 방향을 왼쪽으로 틀어 급격한 내리막길이 이어진다. 그렇게 30분쯤 급경사를 내려오면 다시 중원계곡을 만나게 된다. 휘파람을 불며 20여 분 중원계곡을 따르면 중원폭포. 등산화를 벗고 발을 담갔다가 얼른 꺼낸다. 마치 빙하 녹은 물처럼 차갑다.

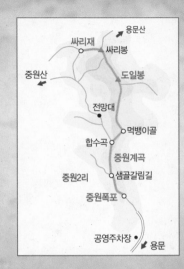

산길 친구

물놀이가 목적이고, 아이들과 함께라면 도일봉까지 올라가지 않고 중원계곡만 둘러봐도 좋다. 중원리에서 중원계곡까지는 15분쯤 걸린다. 중원폭포 위로는 사람이 뜸해 호젓하게 물놀이를 즐길 수 있다.

가는 길과 맛집
경기도 양평군 용문면 중원리

교통
수도권에서는 중앙선을 이용하면 용문전철역까지 쉽고 빠르게 갈 수 있다. 동서울종합터미널(1688–5979)에서 용문행 버스가 06:15~21:30까지 수시로 운행된다. 열차는 청량리역에서 중앙선 열차 이용, 용문역(031–773–7788)에서 하차. 하루 15회 운행. 중원계곡은 용문터미널에서 1일 6회(07:10 09:10 11:00 14:10 17:30 18:30) 운행하는 중원리행 버스를 이용한다.

맛집
양평 시내의 정안가든(031–774–6620)은 전라도식 양념으로 아구찜과 간장게장을 내오는 맛집이다.

아재비고개에서 연인산으로 이어지는 길은 수도권에서 보기 힘든 그윽한 원시림 지대가 펼쳐진다.

명지산과 연인산이 숨겨둔
원시림 능선

가평 아재비고개

백둔리 ▶ 아재비고개 ▶ 연인산 ▶ 백둔리

산행 도우미
▶ 걷는 거리 : 약 10㎞
▶ 걷는 시간 : 5시간
▶ 코   스 : 백둔리 죽터마을~대골
　　　　　　~아재비고개~연인산
　　　　　　~소망능선~백둔리
▶ 난 이 도 : 조금 힘들어요
▶ 좋을 때 : 여름, 가을 좋아요

가평의 터줏대감인 명지산(1,267m)과 최근 인기 상한가인 연인산(1,068m)은 능선으로 연결되는데 그 중간쯤에 아재비고개(애재비고개)가 있다. 이곳은 두 산의 중앙에 자리잡았기에 어느 산에 속한다고 말하기가 곤란하다. 때론 그런 애매한 경계에 보물이 숨어있는 법. 아재비고개에서 연인산에 이르는 3.3㎞ 능선은 수도권에서 보기 드문 원시림 지대다. 게다가 명지산과 연인산의 주등산로에서 벗어나 있어 찾는 사람이 뜸하다. 호젓한 능선에서 여름 숲의 아름다움을 만끽해보자.

배가 고파 아이들을 잡아먹었다는 섬뜩한 이야기가 내려오는 아재비고개 일대는 단풍나무, 신갈나무 고목, 층층나무, 가래나무 등이 울창한 숲이다.

잣나무가 많은 계곡인 백둔

　　명지산과 연인산이 병풍처럼 두른 백둔리는 자연체험학교와 펜션들이 들어선 제법 유명한 마을이다. 백둔(栢屯)이란 잣나무가 많은 계곡이라는 뜻으로 마을 사람들은 잣둔이라고 부른다. 산행 코스는 백둔리 죽터마을을 들머리로 아담한 대골을 따라 아재비고개에 오른 뒤, 연인산까지 원시림 지대를 걷다가 소망능선을 타고 다시 백둔리로 내려오게 된다. 거리는 약 10㎞, 5시간쯤 걸리는 코스다.

"6·25전쟁 때 이곳으로 시집왔어. 그땐 말도 못할 정도로 시골이었지. 근데 지금은 길이 잘 나 서울이나 마찬가지야." 버스 종점인 죽터마을에서 만난 할머니는 밝고 건강해 보였다. 아재비고개에 간다니깐 큰산에는 맑은 날에 가는 거라며 손사래를 친다. 할머니 모습이 건강해 보인다는 말로 안심시켜 드리고 길을 나선다.

마을 안쪽으로 늙은 벚나무 한 그루가 그늘을 드리우고 있다. 그 아래에서 멀리 하늘에 마루금을 그리는 연인산을 바라보며 산행을 시작한다. 다리를 건너 '죽터 생태계 감시초소'를 지나는데 땅 위에서 무언가 급히 지나간다. 뱀이다. 무늬가 화려한 것으로 보아 꽃뱀이라 불리는 유혈목이로 보인다. 조종천 상류인 명지산과 연인산 일대는 1993년부터 생태계 보전지역으로 지정돼 보호받고 있다.

'연인산 5.3㎞' 안내판과 과수원 길을 지나면 철문이 나온다. 2001년까지 출입통제를 알리는 표지판이 서 있다. 철문은 잠겨 있지만, 오른쪽으로 들어갈 수 있는 공간이 있다. 시멘트 도로를 따라 10분쯤 오르면 오솔길이

백둔에서 만난 부전나비

나오면서 본격적인 계곡이 시작된다. 이어 제법 큰 계곡을 건너는데 연이은 장마 폭우로 대골에도 물이 넘쳐난다. 나무를 붙잡고 조심스레 건너니 사람의 때가 타지 않은 원시림이 펼쳐진다. 길섶에는 산수국, 은꿩의다리 등이 발길을 붙잡는다.

계곡은 전체적으로 완만하다. 서너 번 더 계곡을 건너자 갈림길. 이정표가 없다. 길 흔적이 뚜렷한 오른쪽을 택해 30분쯤 더 오르자 계곡물 소리가 잦아들며 무거운 정적이 내려앉는다. 계곡과 헤어져 산비탈을 10여 분 더 오르자 아재비고개 정상이다. 아재비고개에는 배가 고파 아이들을 잡아먹었다는 섬뜩한 이야기가 내려온다. 예전 가평 산골에 뿌리를 내린 화전민들의 고달픈 삶이 조금은 과장되어 고갯길에 전설로 서린 것이다.

섬뜩한 전설이 내려오는 아재비고개

이름과 달리 아재비고개는 평화롭다. 층층나무 고목 아래의 벤치가 덩그러니 남아 있고, 빼빽한 나무와 풀들은 바람 따라 춤을 춘다. 아재비고개에서 연인산 방향을 따르면 본격적인 원시림 지대가 펼쳐진다. 푹신푹신한 길의 촉감이 발바닥을 타고 전해오고, 수풀 사이로 난 작은 오솔길은 이리저리 유연한 곡선을 그리며 이어진다. 아름드리 단풍나

무들이 모여 있는 언덕을 지나자 땅에는 고사리 같은 양치류들이 그득하다. 서어나무, 층층나무, 까치박달, 가래나무, 물푸레나무… 만나는 나무들과 눈을 맞추다 신갈나무 고목들이 가득한 곳에서 발걸음이 멈췄다. '우와~' 절로 감탄사가 튀어나온다. 이런 고목들은 강원도 백두대간 구간에서도 만나기 쉽지 않다.

장마에 내린 폭우로 아재비고개로 가는 대골에 크고 작은 폭포가 시원하게 걸렸다.

아재비고개를 떠난 지 40분쯤 지나면 1010봉에서 길이 갈린다. 이정표가 없지만 길이 선명한 왼쪽 길을 따라야 한다. 오른쪽 길은 상판리 귀목으로 하산하게 된다. 이어 바위 지대를 지나 10분쯤 더 가면 연인산 꼭대기에 도착한다. 정상에는 '사랑과 소망이 이루어지는 곳'이란 문구가 적힌 커다란 하트 모양의 비석이 우뚝하다. 본래 이곳은 우목봉으로 불렸는데, 가평군에서 산을 개발하면서 연인산으로 이름을 바꾸었다. 연인산 정상 일대에는 지리산이나 한라산 등에서 볼 수 있는 구상나무들이 자생하고 있어 더욱 반갑다. 키가 크지는 않지만 전형적인 크리스마스트리 모습이라 눈에 쉽게 띈다.

하산은 '백둔리 장수능선' 이정표를 따르다가 소망능선으로 갈아타고 내려온다. 이 길은 짧지만 험한 것이 흠이다. 로프를 잡고 조심조심 1시간쯤 내려오면 잣나무숲을 만나면서 길이 순해진다. 이어 능선이 끝나면 비포장도로를 만나고 이어 계곡 물소리가 우렁찬 백둔리에 도착한다.

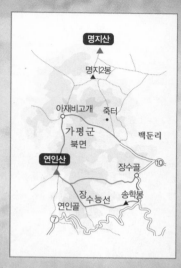

명지산 ▲

명지2봉 ▲

아재비고개 ○ 죽터

가평군
북면

연인산

백둔리

장수골 ⑩

장수능선 송학봉

연인골

⑦

산길 친구

산꾼들은 익근리를 들머
리로 명지산을 올랐다가
연인산까지 종주하는 코
스를 즐긴다. 거리는 약
18㎞, 8~9시간쯤 걸린다.

가는 길과 맛집
경기 가평군 북면 백둔리

교통

서울에서 가평은 기차나 동서울종합터미널(1688–5979)과 상봉터미
널(02–323–5885)에서 수시로 운행하는 버스를 이용한다. 청량리역
환승센터에서 1330–2, 1330–3번 광역버스를 타면 가평까지 환승 요
금이 1,700원으로 저렴하다. 가평까지 1시간 30분쯤 걸린다. 가평터
미널에서 백둔리행 버스는 06:20 09:35, 백둔리에서 가평행 버스는
18:20 20:00 버스를 이용한다. 가평터미널에서 백둔리행 버스는 06:20
09:35, 백둔리에서 가평행 버스는 18:20 20:00 버스를 이용한다.

맛집

가평군청 옆의 찹쌀순대 전문점 옛날옛적(031–581–7780)은 순댓국이
시원하고, 세가지 종류의 순대는 안주용으로 뒤풀이하기 좋다.

나리분지와 성인봉 중간 지점인 나리전망대. 가운데 평퍼짐한 봉우리가 알봉이고, 그 앞에 너른 땅이 알봉분지다.
오른쪽 끝으로 나리분지가 보인다.

원시 자연이 숨쉬는
한국의 '갈라파고스'

울릉도 나리분지

나리분지 ▶ 나리전망대 ▶ 성인봉 정상 ▶ 도동항

누구나 예외는 없다. 울릉도에 가려면 배를 타고 동해 먼 바다의 높은 파도를 온몸으로 타고 넘어야 한다. 때론 뱃멀미도 각오해야 한다. 여객선 바닥에 드러누워 멀미 후유증으로 인사불성이 된 아줌마들의 모습이 남의 이야기가 아니다. 하지만 천신만고 끝에 도동항에 발을 내리면, 그야말로 신천지가 펼쳐진다. 바다는 깊이를 알 수 없는 짙은 에메랄드빛으로 일렁거리고, 해안의 날카로운 절벽은 혈기방장한 산봉우리를 타고 울릉도 최고봉 성인봉(984m)으로 이어진다.

울릉도 안의 또 다른 섬,
나리분지

육지와 울릉도의 거리는 묵호항에서 161㎞, 가장 많은 사람이 찾는 포항에서는 217㎞ 떨어져 있다. 제주도가 완도에서 90㎞쯤 떨어져 있는 것을 감안하면 울릉도가 멀긴 멀다. 게다가 동해 먼바다의 파도는 바람이 좀 세다 싶으면 3~5m에 이른다. 그래서 예로부터 육지 사람들의 왕래가 뜸했기에 울릉도는 독특한 생태계를 간직할 수 있었다. 울릉도를 '한국의 갈라파고스'라고 부르는 것은 이런 연유에서다. 울릉도는 걷기여행의 천국이다. 산과 바다가 어우러진 내수전 옛길과 태하령 옛길, 대

나리분지에서 성인봉 오름길. 양치식물 군락지가 원시 자연의 신비를 물씬 풍긴다.

풍감해안과 도동~저동해안 등 울릉도의 깊은 속살을 만날 수 있는 기막힌 산길이 수두룩하다. 그중에서 울릉도의 유일한 평지인 나리분지에서 성인봉에 이르는 길은 울릉도의 신비한 자연과 문화를 만날 수 있는 최상의 코스다.

나리분지에서 산행을 시작하기 위해 이곳 민박집에 묵었다. 나리분지는 우리나라에서 유일하게 사람이 사는 화산 분화구다. 백두산 천지와 한라산 백록담 같은 화산 분화구지만 물이 고이지 않은 덕분이다. 약 2,500만 년 전 불꽃과 용암이 치솟았던 자리에서 보낸 하룻밤은 포근했고, 구름이

드리워진 아침은 강원도 깊은 산골처럼 적막했다. 꿀맛 같은 산나물밥을 먹고 산행에 나선다.

군사시설물 철조망을 지나 등산로 입구에 이르자 마가목이 늘어서 있다. 마가목은 강원도 깊은 산에서 자라는 나무인데, 이곳에서는 가로수처럼 흔하다. 길은 나리분지 원시림보호구역(천연기념물 제189호)으로 이어지는데, 1,447ha(1만㎡)의 광활한 지대에 오솔길 하나만 뚫려 있다. 이곳에는 섬피나무, 너도밤나무, 섬고로쇠, 우산고로쇠, 섬바디 등 울릉도 특산 식물들로 그득하다.

길섶 큰두루미꽃 군락지를 지나자 천연기념물인 섬백리향 보호구역이 나온다. 아쉽게도 철조망이 둘러쳐 있어 구경하기 어렵다. 계속 길을 따르니 갑자기 시야가 트이면서 투막집이 나타난다. 투막집은 울릉도의 전통가옥으로 바람과 폭설에 대비해 만든 이중벽 구조인 우데기가 독특한 집이다. 본래 나리분지에는 고대 우산국 시절부터 사람이 살았으나, 왜적의 침입을 피하기 위해 조선 왕조가 공도정책을 폄에 따라 수백 년 동안 비워졌다. 그러다가 1882년 고종의 개척령에 따라 나리분지에 93가구 500여 명의 개척민들이 들어와 투막집을 짓고 살았다. '나리'라는 지명은 당시 이곳에 살던 사람들이 섬말나리 뿌리를 캐먹고 연명했다고 하여 붙은 이름이다.

1년에 300일 안개에 잠기는 성인봉

투막집 앞에 서니 시나브로 구름이 걷히며 하늘을 찌르는 송곳봉의 모습이 드러난다. 이어 도착한 신령수, 이 물은 고로쇠의 수액처럼 목 넘김이 부드럽다. 울릉도는 전체적으로 물이 좋지만, 특히 나리분지의 물은 최상급이다. 신령수를 지나면 나무 밑동에는 이끼들이 가득하고 고사리 같은 양치식물들이 계곡을 가득 메운다. 여기서 계단길이 시작되는데, 등에 땀이 맺히고 호흡이 가빠질 무렵에 나리분지 전망대에 도착한다.

알봉분지 투막집 앞에서 성인봉으로 오르는 길. 오른쪽으로 미륵산이 우뚝하다.

송곳봉 앞으로 펼쳐진 너른 땅은 알봉분지다. 그곳 가운데 봉긋 솟은 알봉의 모습이 정겹다. 알봉 오른쪽으로 펼쳐진 나리분지는 능선에 가려 고개만 살짝 내밀고 있다. 전망대를 지나면 잠시 완만한 능선이 이어지다 성인수에서 다시 계단이 시작된다. 성인수에서 목을 축이고 다시 한바탕 땀을 쏟으면 계단이 끝나면서 삼거리가 나온다. 여기서 10m만 오르면 홀연히 하늘이 열리며 성인봉 정상이 나타난다. 산죽과 마가목 사이로 짙푸른 동해가 넘실거리는데, 날이 좋은 날은 독도가 잘 보인다고 한다.

정상 직전 삼거리로 내려와 도동 방향을 따르면 몸에 초록 이끼 가득한 거대한 단풍나무를 만난다. 이는 성인봉이 연평균 300일 이상 구름과 안개에 쌓여 있기 때문에 가능한 일이다. 계속해서 울창한 능선을 따르다 '바람등대 쉼터'에서 시원한 바람을 맞으며 한숨 돌렸다가 1시간쯤 내려오면 도동에 닿는다.

산길 친구

울릉도 특유의 독특한 생태계를 느낄 수 있는 산길이다. 특히 나리분지의 원시림과 성인봉 능선의 피나무 군락이 장관이다. 산길은 완만한 나리분지를 들머리로 올라 도동항으로 내려오는 것이 쉽다.

가는 길과 맛집
경상북도 울릉군 북면 나리

교통
묵호와 포항에서 울릉도 가는 배가 다닌다. 대아해운고속 홈페이지(www.daea.com)나 전화로 출항 요일과 시간을 확인한다. 울릉도까지는 소요 시간은 2시간 30분~3시간. 대아해운 포항 054-242-5111, 묵호 033-531-5891, 울릉 054-791-0801. 현지 교통은 우산버스 054-791-7910.

맛집
울릉약소, 홍합밥, 산채비빔밥, 오징어, 호박엿을 '울릉오미'로 손꼽는다. 맛집은 도동의 99식당(따개비밥 054-791-2287), 보배식당(홍합밥 054-791-2683), 향우촌(울릉약소 054-791-8383), 산마을식당(산나물, 054-791-6326).

울릉도 동쪽 해안에서 가장 높은 내수전 전망대. 오른쪽으로 저동항이 보인다.

사라질 옛길이 들려주는
정다운 이야기

울릉도 내수전 옛길

저동 ▶ 내수전전망대 ▶ 석포전망대 ▶ 천부리

산행 도우미
- ▶ 걷는 거리 : 약 10km
- ▶ 걷는 시간 : 5~6시간
- ▶ 코 스 : 저동~내수전전망대~
  석포전망대~천부리
- ▶ 난 이 도 : 무난해요
- ▶ 좋을 때 : 여름, 가을에 좋아요

울릉도에 갈 계획이 있는 사람은 서둘러야겠다. 울릉도 일주도로에서 유일한 흙길인 내수전~섬목 구간 4.4㎞가 2010년 이후에 공사에 들어갈 예정이기 때문이다. 이 길을 내수전 옛길이라 부르는데, 예로부터 북면 사람들이 행정 중심지인 도동에 드나들던 길이었다. 울릉도의 험준한 동쪽 해안을 끼고 돌며 깊은 원시림 속으로 이어진 내수전 옛길은 풍광이 빼어나기로 유명하다. 이 길은 성인봉 나리분지, 도동~저동 해안도로, 대풍감 코스 등과 더불어 울릉도 최고의 걷기여행 코스로 꼽힌다.

집어등이 은은하게 비추는
저동항의 정취

내수전 옛길이 시작
하는 곳은 울릉도 오징어잡이
전진기지인 저동항이다. 저동
항은 도동항에 비해 한결 조
용하고 운치 있는 항구다. 이
곳에 숙소를 잡으면 집어등이
밤바다를 비추는 저동 특유의
정취를 만끽할 수 있다. 선창
노점에서 싱싱한 오징어회에
술 한 잔 곁들이면 울릉도 매
력에 홀딱 빠져버릴 것이다.
"내수전전망대는 내수전에서
30분밖에 안 걸려요." 전망
대로 가는 팍팍한 포장도로
는 40분을 넘게 걸어도 끝없
이 이어진다. 길을 알려준 분

깊은 원시림 속으로 이어진 내수전 옛길을 따르다보면 죽도가
내려다보인다.

식집 아저씨가 착각했거나 그의 걸음이 무지하게 빠른가 보다. 내수전약수
터의 톡 쏘는 물맛에 힘을 얻어 간신히 내수전전망대에 올랐다.
내수전전망대는 울릉도 동쪽 해안에서 가장 높은 곳으로 남쪽으로 저동항,
왼쪽(북쪽)으로는 걸어야 할 석포마을 일대가 장쾌하게 펼쳐진다. 특히 가
야 할 석포와 섬목 일대는 마치 열대우림처럼 나무들이 빽빽하고, 바다 쪽
으로 내려갈수록 험준한 해안절벽을 이루고 있다. 과연! 아직까지 포장도
로가 생기지 못할 이유가 있었던 것이다. 울릉도의 해안도로는 1963년 공
사를 시작해 2001년에 완공되었는데, 내수전에서 섬목까지 4.4km 구간은
지형이 워낙 험하기도 하거니와 생태계 보전을 위해 흙길 그대로 남겨 두

었다고 한다. 하지만 2008년부터 울릉도 일주도로가 국가지원 지방도로로 승격됨에 따라 도로포장은 시간문제가 되었다.

전망대에서 내려오면 본격적인 흙길이 시작된다. 모퉁이를 한 구비 돌아서자 길섶에는 고사리류들이 지천으로 깔렸고, 아름드리 섬고로쇠나무들이 하늘을 가리고 있다. 길은 평탄한 산비탈을 타고 도는데 중간중간 내려다보이는 죽도와 바다 경치가 아름답다. 내수전 옛길의 중간 지점인 정매화곡쉼터에는 말오줌나무 흰 꽃이 만개해 화려한 산제비나비들을 불러 모은다. 이곳은 걸어서 섬을 걸어 다니던 시절, 1962~1981년까지 이효영 씨 부부가 살면서 폭설과 악천후를 만나 곤경에 빠진 섬 주민과 관광객 300여 명을 구한 따뜻한 미담이 깃든 곳이다.

쉼터를 지나면 삼거리다. 여기서 와달리로 가는 길로 내려서면 안 된다. 해안의 아름다운 마을이었던 와달리는 사람들이 모두 떠나자 길도 끊겨 위험하다. 삼거리를 지나면 길은 슬며시 오르막으로 이어지면서 북면 경계를 넘는다. 이어 제법 가파른 고개를 넘으면 솔숲이 나오면서 포장도로를 만나게 된다. 여기가 자게골 입구 삼거리. 이정표를 따라 죽암마을로 내려가도 되지만, 석포마을을 둘러가는 것이 정석이다.

포구의 정취가 물씬 풍기는 저동항. 뒤에 보이는 촛대바위가 저동항의 상징이다.

이제 길은 포장도로를 따르지만 호젓하고 바다가 잘 보여 걷기 좋다. 띄엄띄엄 집들이 자리잡은 석포마을은 겨울이면 마을버스도 다니지 못하는 오지다. 하지만 더덕과 미역취 등이 바닷바람을 맞으며 잘 자라고 인심도 좋아 정들면 떠나지 못한다고 해서 정들포라고도 부른다.

짙은 에메랄드빛 파도가 부서지는 삼선암

석포에서 선창 해안까지는 시멘트 도로를 따라 내려와야 한다. 지그재그 내려오며 충격을 줄여보지만, 한동안 무릎 고생을 피할 수는 없다. 터벅터벅 40분쯤 내려오면 석포전망대로 가는 갈림길이다. 여기서 전망대까지는 왕복 40분 거리다. 석포전망대는 러일전쟁 당시 일본군이 망루를 설치했을 정도로 조망이 좋은 곳이다. 짙은 에메랄드빛 망망대해와 더불어 북면의 명소인 삼선암, 관음도 등이 시원하게 펼쳐진다.

다시 갈림길로 내려와 20분쯤 더 가면 선창에서 바다를 만난다. 이제 울릉도 최고의 절경인 북면 해안이 이어진다. 우선 섬목까지 걸어갔다가 되돌아 나오며 관음도, 삼선암 등을 구경하는 것이 좋다. 바다 풍광에 반한 세 명의 선녀가 바위가 되었다는 전설이 내려오는 삼선암 앞은 울릉도에서 가장 황홀한 에메랄드빛 바다를 볼 수 있는 곳이다. 뾰족한 바위 하나가 기둥처럼 솟은 일선암을 지나면 천부에 도착하면서 걷기는 끝이 난다. 천부에서 도동으로 가는 버스가 있고, 가까운 나리분지에서 들어가 하룻밤 묵어도 좋다.

산길 친구

본격적인 내수전 옛 길이 시작되는 내수 전전망대까지 택시 를 타고 이동해 체력 과 시간을 아끼는 것 이 좋다. 저동에서 내수전전망대까지 걸어갈 경 우 50분쯤 걸린다. 석포마을을 지나 전망 좋은 석포전망대에 꼭 들르자. 선창에 이르러 바다를 만나면, 오른쪽으로 북면 해안을 따라 섬목까지 걸어갔다가 되돌아오는 것이 좋다.

가는 길과 맛집
경상북도 울릉군 울릉읍 저동리

교통
묵호와 포항에서 울릉도 가는 배가 다닌다. 대아해운고속 홈페이지 (www.daea.com)나 전화로 출항 요일과 시간을 확인한다. 울릉도까지 는 소요 시간은 2시간 30분~3시간. 대아해운 포항 054-242-5111, 묵 호 033-531-5891, 울릉 054-791-0801. 현지 교통은 우산버스 054-791-7910.

맛집
저동항 노천 활어센터에서 저렴하고 싱싱한 활어회와 오징어를 먹 을 수 있다. 집어등이 불을 밝힌 저동항의 밤은 분위기가 아주 좋다.

무건리 큰말 오지마을에 숨어 있는 이끼폭포와 용소의 원초적 비경

오지마을에 숨겨진
원초적 비경

삼척 무건리 이끼폭포와 용소

무건리 ▶ 큰말 ▶ 용소 ▶ 무건리

육백산(1,241m) 자락 삼척 도계읍 무건리의 꼭대기 마을인 큰말은 오지마을로 알려진 곳이다. 인적이 뜸한 이곳에 여름철이면 사진작가와 산꾼들이 쉬쉬하며 찾아오는데, 태초의 비경을 간직한 용소굴이 숨어 있기 때문이다. 용소굴 일대에는 아기자기한 이끼폭포와 검푸른 용소가 강렬한 대조를 이루며 보는 이의 넋을 쏙 빼놓는다.

산행 도우미

▶ 걷는 거리 : 약 8km
▶ 걷는 시간 : 3~4시간
▶ 코   스 : 무건리~큰말~용소
            ~무건리
▶ 난 이 도 : 무난해요
▶ 좋을 때 : 여름에 좋아요

겨울철 멧돼지 사냥을 즐기던 오지마을

한때 오지여행가 사이에서 알려진 무건리에 다시 외지인들이 찾아온 것은 2000년쯤이다. 큰말 아래에 숨어 있던 이끼폭포와 용소가 사진작가들에 의해 널리 알려졌다. 산행 코스는 성황골을 따라 오르는 길과 산비탈을 타고 도는 옛길이 있다. 계곡은 길이 없는 험로이기에 오지전문 산꾼의 몫이고, 일반인들은 안전한 옛길이 좋겠다.

고사리 38번 국도변에서 현불사 방향으로 들어가면 산기리(산터마을)다. 여기서 왼쪽 포장도로를 따라 올라가면 석회암 채굴 현장이 나온다. 소란스러운 현장을 지나 500m쯤 더 오르면 소재말마을이 나온다. 마을 이후의 길은 비포장으로 변하고, 바리케이드가 차량의 출입을 막고 있다. 산행은 바리케이드를 지나면서 시작된다. 길은 임도처럼 넓고 잘 나있다.

오르막을 몇 구비 돌면 성황당 소나무가 우뚝한 국시재 고갯마루. 나무 아래 돌무덤에 작은 돌을 하나 얻고 입산의 예를 올린다. 성황당에서 큰말까지는 산등성이를 타고 도는 순한 길이다. 국시재를 떠난 지 한 시간쯤 지나면 왼쪽 산비탈에 들어앉은 민가들이 나타난다. 산비탈에 대여섯 채 집이 남아 있는 큰말이다. 집들은 텅텅

폭포 전시장을 방불케 하는 성황골은
야성으로 가득하다.

비었는데 주민들은 삼척·태백 등에 내려와 살면서 여름철 작물 가꿀 때나 드나든다고 한다. 대문도 없는 어느 집의 툇마루에 앉으니 오지마을 특유의 한적함과 외로움이 전해온다.

겨울철이면 큰말에는 눈이 산더미처럼 내렸다고 한다. 그러면 길이 끊기고 할 일 없는 주민들은 멧돼지 사냥을 나갔다. 몰이꾼패와 창꾼패로 나뉘어 창꾼패는 길목을 지키고 몰이꾼패는 길목으로 돼지를 몰았다. 몰이꾼들에게 쫓긴 돼지가 깊은 눈에 빠져 움직이지 못하면 창꾼의 우두머리인 선창잡이가 돼지 급소에 창을 질렀다. 무건리에 전설처럼 내려오는 사냥 이야기는 이미 잡풀 속에 묻힌 지 오래다. 1994년 마을에 있던 소달 초등학교 무건분교가 폐교되면서 시나브로 마을 사람들도 뿔뿔이 흩어졌다.

마을을 지나 무건분교 터를 찾아보지만 큰물에 쓸리고 잡풀에 덮여 흔적조차 없다. '1966년 개교, 89명의 졸업생을 배출, 1994년 폐교'를 알리는 팻말과 돌무더기에 묻힌 녹슨 미끄럼틀만이 안쓰럽게 자리를 지키고 있다. 여기서 이끼폭포로 가려면 분교 터 팻말 아래, 가래나무 밑 오솔길을 찾아야 한다. 잡초 무성한 비탈을 헤집고 내려가면 거센 물소리가 먼저 귀를 때리고 이어 푸른빛 도는 드넓은 소와

오지마을인 무건리 큰말로 가는 길. 산비탈을 끼고 한적한 옛길이 이어진다.

폭포(높이 7~8m)가 불쑥 나타난다. 폭포 오른쪽으로 눈을 돌리면 10m쯤 되는 폭포가 이끼 무성한 바위들에 걸려 있다. 눈이 휘둥그레지며 감동의 물결이 몰려온다. 그러나 진짜 비경은 소에 걸린 폭포 위쪽에 숨어 있다.

시간과 물을 삼키는 용소의 심연

　　　　폭포 왼쪽 바위벽에 걸린 고정로프를 타고 조심스럽게 올라서면 또 다른 세상으로 통하는 길인 듯 어둑한 바위절벽 사이로 물줄기가 이어진다. 첨벙첨벙 물길을 건너면 높이 10m쯤 되는 아름다운 이끼폭포가 초록 치마를 드리우고 있다. 마법에 홀린 듯 그 화사한 폭포를 향해 다가가는 순간, 왼쪽에서 섬뜩한 냉기가 온몸에 엄습해 온다. 그곳에는 입을 쩍 벌린 검푸른 소가 웅크리고 있었다. 자세히 보니 우렁찬 비명을 지르며 여러 갈래의 작은 폭포들이 그 소의 심연으로 빨려 들어가고 있다. 폭은 3m쯤 되지만 깊이가 10m는 족히 넘는 그곳이 바로 용소다.

산행은 용소에서 마무리된다. 강원도 지방기념물인 용소굴은 용소 위쪽에 있는데, 그리로 오르는 길이 없다. 용소 앞 계곡에 발을 담그고 한동안 시간을 보낸다. 세상에 존재하지 않는 별천지에 잠시 들어온 느낌이다. 하산은 계곡을 따르지 않고 올라온 길을 고스란히 되짚어야 한다. 벼랑과 폭포가 이어진 석회암 계곡은 아름답지만 매우 위험하다.

산길 친구

무건리에서 큰말 가는 길은 주민들이 다니던 옛길이라 경사가 완만하고 한적하다. 큰말에서 이끼폭포와 용소를 구경하고 올라온 길을 되짚어 내려가는 것이 안전하다. 계곡을 따라 내려가는 길은 풍광은 좋지만, 매우 위험하다.

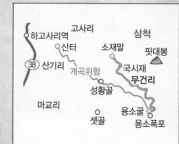

가는 길과 맛집
강원도 삼척시 도계읍 무건리

교통
삼척 도계읍은 삼척보다 태백에서 가깝다. 자가용은 중앙고속도로 서제천 나들목으로 나와 연결된 고속국도를 이용해 영월을 거쳐 태백에 이른다. 태백에서 38번 국도를 타고 삼척 방향으로 30분 달려 하고사리역 근처에서 고사리 방향 이정표를 보고 우회전해 들어가면 산기리다. 태백시외버스터미널(033-552-3100)에서 고사리행 버스는 1일 8회 다닌다.

맛집
태백 시내의 너와집(033-553-9922)은 강원도식 한정식을 내오는 맛집이다.

화양계곡 최고의 절경인 4곡 금사담. 수려한 풍광 속에 우암 송시열의 서재인 암서재가 깃들어 있다.

당신의 '화양연화'는
무엇인가요?

괴산 화양계곡

화양교 ▶ 암서재 ▶ 파천 ▶ 화양교

화양계곡(화양동계곡)은 울창한 숲, 맑은 물과 너른 반석들이 어울린 별천지다. 백두대간 늘재에서 발원한 계류가 달천에 몸을 섞기 직전에 빚어낸 곳이 화양계곡이다. 수량이 풍부하고 모래가 많아 물놀이하기 좋다. 하지만 물장구만 치고 돌아서기에는 좀 아쉽다. 우암 송시열(1607~1689)이 손수 고르고 이름붙인 9곡을 찾아보며 숲, 물, 바위가 어울린 그윽한 산수미를 즐겨보자.

산행 도우미
▶ 걷는 거리 : 약 4㎞
▶ 걷는 시간 : 3시간
▶ 코   스 : 화양교~1곡 경천벽~
             4곡 암서재~
             9곡 파천~화양교
▶ 난 이 도 : 쉬워요
▶ 좋을 때 : 여름에 좋아요

화양동주 송시열이 아끼고 사랑했던 계곡

　　백두대간 속리산에서 대야산에 이르는 구
간은 산세가 빼어나고 골이 깊어 구석구석 절경을 품
고 있다. 그중에서 화양계곡은 호탕한 기운이 넘치
고, 옛길을 따라 2~3시간쯤 풍경을 음미하며 걸을
수 있다. 화양계곡을 이야기할 때 빼놓을 수 없는 사
람이 우암 송시열이다.

성리학의 대가였던 우암은 화양계곡을 무척이나 사
랑하고 아꼈다. 심지어 자신을 화양동주(華陽洞主)라고
부를 정도였다. 화양계곡의 대표 경치로 꼽히는 화양
구곡(경천벽·운영담·읍궁암·금사담·첨성대·능운대·와룡
암·학소대·파천)은 정계에서 은퇴하고 이곳에 은거하
던 우암이 손수 고르고 이름도 지었다. 그래서 화양
계곡 걷기는 9곡을 둘러보는 것에 초점이 맞춰진다.

옥빛 계곡 풍광이 일품인 2곡 운영담. 물놀이 장소로 인기가 좋다.

화양동 버스정류장에 내려 주차장 쪽으로 걸어가다 보면 1곡 경천벽(擎天壁)이 자리잡고 있다. 기암이 가파르게 솟은 모습이 마치 하늘을 떠받친다고 해서 붙은 이름이다. 주차장을 지나면 자연학습관찰로가 시작되는데, 아름드리 느티나무들이 풍성한 그늘을 드리우고 있다. 수백 년 묵은 나무들은 말년의 송시열이 노구를 이끌고 산책하는 모습을 지켜봤을지 모른다. 작은 다리를 건너면 2곡인 운영담(雲影潭). 기암과 잔잔한 옥빛 물결이 일품인 곳으로 화양계곡 최고의 물놀이 장소다. MT 온 대학생들과 아이들이 신나게 물장구를 친다. 운영담을 지나면 길 양쪽으로 사람 키만한 돌기둥 두 개가 보인다. 조선시대에 화양서원을 찾은 지체 높은 양반들이 말에서 내리던 하마비다. 조선 말기 한량으로 전국을 떠돌던 대원군 이하응은 말에서 내리지 않고 이곳을 지나가다가 묘지기에게 봉변을 당했다고 한다. 화양서원 안의 만동묘(萬東廟)로 오르는 길은 약 30개의 가파른 돌계단을 올라야 한다. 그 권위를 단적으로 보여주는 건축 구조다.

정치 건달의 소굴이 된 화양서원

화양서원은 조선 팔도에서도 가장 위세가 당당한 서원이었다. 서인 노론의 영수인 송시열이 은거하던 곳에 세워진 사액서원으로 명나라의 두 임금의 위패가 봉안된 만동묘를 끼고 있었기 때문이다. 그 위세는 '화양묵패(華陽墨牌)'를 발행하여 관리와 백성들을 수탈하기까지 이르렀다. 오죽했으면 매천 황현(1855~1910)이 화양서원의 정치 건달들을 일컬어 "서민들의 가죽을 뚫고 골수를 빨아먹는 남방의 좀"이라고 했을까.

서원 앞 물가엔 3곡 읍궁암(泣弓巖)이 있다. 북벌을 꿈꾸던 효종이 승하하자 우암이 새벽마다 올라가 활처럼 웅크려 절하며 울었다는 사연이 전한다. 금빛 모래가 펼쳐져 있는 4곡 금사담(金沙潭)은 화양계곡 최고의 절경이다. 옥빛 청수 너머의 큼직한 바위엔 우암이 제자를 가르치던 아담한 암서재가 깃들어 있다. 암서재에 머물던 때가 우암에게는 '화양연화'(인생에서 가장 행복한 순간)와 같은 시기였을지 모른다. 불행하게도 우암은 당쟁에 휘말려

화양서원 안의 만동묘로 가려면 가파른 돌계단을 올라야 한다.

83세의 나이에 사약을 마시고 죽는다.

인적 없는 숲길 따라 9곡 파천으로

별 보기 좋은 바위라는 5곡 첨성대(瞻星臺) 앞에서 다리를 건넌다. 뭉게구름처럼 생긴 6곡 능운대(凌雲臺)를 올려다보고 마지막 매점을 지나면 인적이 눈에 띄게 줄어든다. 물소리는 더욱 크게 울리지만 길에는 적막이 가득하다. 길게 누운 용이 꿈틀거리는 듯한 7곡 와룡암(臥龍巖)을 지나면 8 곡 학소대(鶴巢臺). 학소대는 도명산의 입구인 철다리에서 잘 보인다. 옛날에는 백학이 이곳에 집을 짓고 새끼를 쳤다 하여 붙여진 이름이다.

학소대부터는 인적이 뚝 끊긴다. 하지만 마지막 9곡인 파천(巴川)까지 이어진 호젓한 숲길을 빼놓을 수 없다. 완만한 오르막으로 이어진 숲길을 15분쯤 걸으면 새하얀 너럭바위가 깔린 파천이다. 옥빛을 담은 잔잔한 물결과 용의 비늘처럼 반질반질한 바위가 어울린 모습이 금사암 못지않은 비경이다. 너럭바위에 주저앉아 시원하게 세수를 했다. 잔잔한 수면으로 하늘이 바람이 구름이 내려와 앉는다. "내 인생의 화양연화는 언제일까" 불현듯 질문 하나가 맴돈다.

산간 친구

1곡 경천벽에서 9곡 파천까지 약 4km, 1시간 30분쯤 걸린다. 아이와 함께 천천히 걷는다 해도 왕복 3시간 정도면 넉넉하다. 차를 가져왔으면 파천에서 되돌아가야 하고, 대중교통으로 왔으면 파천을 지나 32번 도로를 만나는 학습원 버스정류장까지 15분쯤 더 걸을 수 있다. 화양계곡 입구에는 화양동 오토캠핑장이 있다. 이곳에서 하룻밤 묵는 여정도 훌륭하다. 문의 속리산국립공원 화양동 분소 043-832-4347.

달천
● 화양야영장
● 하촌
● 화양동탐방지원센터
경천벽
화양계곡
운영담
읍궁암
금사담
능운대
청성대 와룡암
파천휴게소
학소대 파천

화양구곡

가는 길과 맛집
경상남도 남해군 상주면 상주리

교통
자가용은 중부고속도로 증평 나들목으로 나와 증평 읍내~592번 지방도(청안 방면)~부흥사거리~금평삼거리(좌회전)~화양동. 청주 시외버스터미널(가경동, 1688-4321)에서 화양계곡행 버스는 07:20 09:20 11:20 12:20 14:00 15:00 16:40 17:40. 화양계곡에서 청주행 버스는 07:00 08:50 10:40 13:00 15:20 16:40 18:10 19:30.

맛집
괴산의 대표 음식은 올갱이 요리다. 화양계곡 안의 음식점보다는 청천면 근처의 신토불이가든(043-832-5376)과 괴산 시내의 기사식당(043-833-5794)의 올갱이 요리가 유명하다.

연화담 앞에서 짙은 녹음을 담은 괴산호와 수려한 군자산이 시원하게 드러난다.

달래강 따라 사라진
연하구곡을 찾아서

괴산 산막이 옛길

산막이 주차장 ▶ 고인돌 쉼터 ▶ 노수신 적소
▶ 산막이 선착장

괴산과 충주를 적시는 달천은 오누이의 애틋한 전설이 내려와 '달래강', 물맛이 달다고 해 '감천', 수달이 많이 산다고 '수달내' 등으로 불린다. 괴산 칠성면 달천 중류에는 수려한 군자산(948m)이 병풍처럼 두른 산막이마을이 있다. 그곳 오지마을로 들어가는 아슬아슬한 벼랑길이 최근에 '산막이 옛길'로 말끔하게 단장했다. 호젓한 산막이 강변길은 아이들을 데리고 설렁설렁 산책하기 좋다.

산행 도우미
▶ 걷는 거리 : 약 3km
▶ 걷는 시간 : 1시간 20분
▶ 코   스 : 산막이 주차장~고인돌 쉼터~노수신 적소~산막이 선착장
▶ 난 이 도 : 쉬워요
▶ 좋을 때 : 사계절 좋아요

괴산댐에 잠긴 연하구곡

산막이마을이 있는 칠성면 사
은리 일대는 조선시대부터 유배지였을
만큼 멀고 외진 곳이었다. 하지만 깎아
지른 바위벼랑에 물안개와 노을이 아름
다워 조선 후기 노성도 선비는 이곳에
구곡을 정하고 연하구곡가를 남기기도
했다. 하지만 연하구곡은 1957년에 완
공된 괴산댐에 대부분 잠기고 만다. 1곡
인 탑바위와 9곡인 병풍바위 등 일부만
물 위로 나왔는데, 그나마 배를 타야만
찾을 수 있어 그야말로 전설 속의 절경
이 되었다. 그래서 산막이 옛길은 사라
진 연하구곡을 상상하는 길이기도 하다.
산막이길 들머리는 외사리 괴산댐(칠성
댐). 한국전쟁 당시인 1952년에 착수하

산막이길을 운행하는 나룻배

여 1957년에 완공된 괴산댐은 우리 기술로 세워진 첫 수력발전소로 유명
하다. 괴산댐에서 이정표를 따라 15분쯤 걸어 오르면 주차장이 나오고, 여
기서 산막이길이 시작된다. 작은 언덕에 올라서면 비학동 마을에서 운영
하는 주막이 나온다. 주막 앞에서 수려한 군자산과 풍성한 녹음을 담은 괴
산호가 예사롭지 않다. 코를 찌르는 부침개와 막걸리 냄새를 짐짓 모른 채
하고, 서둘러 길을 나서면 시원한 바람이 부는 고인돌 쉼터가 나온다. 큰
바위 생김새가 고인돌을 닮았지만 진짜는 아니다.

이곳은 강변 조망이 좋아 예전 사오랑 서당에서 더울 때에 야외수업을 했
던 곳이라 한다. 쉼터 앞에는 참나무 연리지가 있다. 나란히 앉아 강변을
바라보던 두 나무가 어느새 한 몸이 된 것이다. 같은 곳을 오래 바라보면
몸과 마음이 통하는 모양이다.

출렁다리와 앉은뱅이 약수

이어진 울창한 솔숲에는 출렁다리가 기다리고 있다. 약 100m쯤 이어진 출렁다리에 오르면 말 그대로 몸이 출렁출렁. '흔들지 마세요'라고 쓰여 있지만, 어른이나 아이들이나 일부러 발을 구르며 환호성을 지른다. 잠시 동심의 세계를 즐기다 내려와 호젓한 강변길을 따르면 연화담. 옛 다랑이논 자리에 작은 연못을 팠다. 연화담 앞의 전망대로 내려서면 괴산호가 시원하게 펼쳐진다. 물속에 연하구곡과 옛 산막이마을이 잠겨 있지만, 호수는 짙은 녹음만을 뿜어내며 아무 말이 없다. 연화담을 지나면 앉은뱅이가 물을 마시고 벌떡 일어났다는 앉은뱅이 약수. 참나무에 작은 구멍을 뚫어 그곳으로 졸졸 약수가 나온다. 물맛은 나무 수액이 섞여 그런지 아주 달콤하다. 하지만 수액을 내보내야 할 나무 입장에서는 못할 노릇이다. 좀 과하다 싶다. 앉은뱅이 약수 위에 산막이길의 명물인 스릴 데크가 자리잡고 있다. 스릴 데크는 강 쪽으로 길게 돌출한 지점으로 바닥에 유리를 깔아 짜릿한 고도감이 느껴진다. 나무 계단이 40개라 해서 '마흔 계단'과 '돌 굴러가유' 간판을 지나면 진달래동산. 여기가 복원된 길의 종점이다. 사람들은 대부분 여기서 발길을 돌리지만, 좀 더 들어가면 산막이 선착장이 나온다. 여기서 배를 타면 출발했던 곳으로 돌아갈 수 있다. 선착장을 지나면 세 가구가 사는 산막이마을이다. "그때가 좋았지. 예전엔 물이 얕아 징검다리를 건너며 마을을 드나들었어. 서른다섯 가구쯤 살았던 제법 큰 마을이었지. 댐이 생기며 일부는 잠기고 또 일부 주민들은 마을을 등졌어. 지금은 세 가구에 다섯 명이 전부야." 산막이마을 입구 정자나무 앞 평상에 만난 변강식 할아버지는 이야기하는 내 내 호수에서 눈을 떼지 않았다. 괴산댐이 생기면서 마을로 드나드는 길이 없어지자 벼랑을 따라 이어지는 길이 생겼는데, 그것이 지금의 산막이길이다.

소재 노수신과 후손 노성도

마을을 지나면 소재 노수신(1515~1590) 선생이 유배 생활을 하던 곳이 나온다. 노수신은 조선 중기의 문신으로 을사사화에 휘말려 오랜 세월 유배당했고, 훗날에는 영의정에 오르기도 했다. 재미있는 것은 연하구곡을 정한 것은 노수신이 아니라, 이곳을 관리하러 온 10대손 노성도(1819~1893)였다는 점이다. 그는 조상의 유배지를 관리하러 왔다가 수려한 풍광에 홀딱 빠져 "이곳 연하동은 가히 신선의 별장"이라 노래했다. 산막이길은 노수신 적소를 끝으로 돌아서야 한다. 산막이 선착장에서 배를 타고 걸어왔던 산막이길을 바라보며 돌아가는 길. 군자산이 호수까지 내려와 떠나는 길손을 배웅한다.

동심의 세계로 돌아갈 수 있는 출렁다리

산길 친구

괴산군에서 만든 산막이옛길은 잘 꾸며졌지만, 그 안에 담긴 서정과 이야기를 풀어내지 못해 아쉽다. 보통 사람들은 진달래 동산까지 다녀오지만, 산막이마을을 지나 노수신 적소까지 둘러보는 것이 좋다. 주차장에서 노수신 적소까지 약 3㎞, 1시간 20분. 왕복으로 3시간이면 넉넉하다. 산막이 선착장에서 주차장 근처의 비학동마을 선착장까지 다니는 배는 사람이 많을 때만 운영한다. 어른 5,000원, 아이 3,000원. 변태식 선장 010-3485-8751.

가는 길과 맛집
충청북도 괴산군 칠성면
사은리

교통
괴산이 기점이다. 괴산시내버스터미널에서 괴산댐(수력발전소) 외사동행 버스가 06:30 07:50 11:10 12:30 14:00 15:10 17:10 17:50에 다닌다. 수력발전소 앞에서 내려 20분쯤 걸어 올라야 산막이길 주차장이 나온다. 괴산시외버스터미널에서 주차장까지 택시요금은 1만 원선.

맛집
주차장 위 언덕에 자리잡은 주막에서 잔치국수, 부침개, 도토리묵과 더불어 막걸리 한 잔 곁들이며 산책을 마무리하는 것도 좋겠다. 문의 043-832-5279.

서울 조망이 탁월한 기차바위. 뒤로 서울의 수호신 북한산 비봉능선이 성채처럼 우뚝하다.

발길 멈춘 곳이 전망대,
서울이 이렇게 아름다웠나?

서울 인왕산 기차바위

창의문 ▶ 기차바위 ▶ 정상 ▶ 옥인동

인왕산은 작지만 옹골차다. 도심에서 쳐다보면 대수롭지 않게 보이지만, 일단 올라가면 입이 쩍 벌어진다. 기차바위, 치마바위, 부처바위, 삿갓바위, 범바위, 선바위… 아기자기하고 기이한 화강암 덩어리들도 볼 만하지만, 발길을 멈춘 곳마다 드러나는 서울 조망이 일품이다. 북한산, 북악산, 남산, 관악산, 한강이 도심과 어우러진 풍경은 '천하의 명당'이라는 서울의 진면목을 보여주기에 충분하다.

산행 도우미

▶ **걷는 거리** : 약 3.5㎞
▶ **걷는 시간** : 3시간
▶ **코   스** : 창의문~기차바위~
              정상~옥인동
▶ **난 이 도** : 쉬워요
▶ **좋을 때** : 원추리 피는 늦여름,
              가을에 좋아요

서울은 풍수지리에 따라 디자인된 계획도시다. 조선 개국 당시 정도전, 하륜, 무악대사 등 풍수지리를 겸비한 당대 최고 학자와 승려들의 치열한 논쟁을 거쳐 지금의 북악산 아래에 경복궁이 들어섰다. 그 결과 내사산(內四山)으로 주산 북악산, 좌청룡 낙산, 우백호 인왕산, 안산으로 남산이 배치되고, 진산 북한산, 조산 관악산이 자리잡게 되었다.

서울에서 내로라하는 여섯 개의 산 중에서 가장 역동적인 서울의 모습을 보여주는 곳이 인왕산이다. 특히 이마를 훤히 드러낸 기차바위는 서울 시민의 살림살이까지 속속 들여다보여 '서울의 전망대'라는 말이 아깝지 않다. 등산 코스는 창의문에서 시작해 기차바위를 둘러보고 정상을 거쳐 옥인동으로 내려오는 길이다.

창의문은 북악산과 인왕산의 접점으로 두 산의 들머리가 된다. 2009년 7월에 깔끔하게 단장한 청운공원 안의 '윤동주 시인의 언덕'에서 산행을 시작한다. 윤동주는 1941년 무렵에 인왕산 아래 누상동에서 자취를 했는데, 그때 대표작인 〈서시〉와 〈별 헤는 밤〉을 썼다고 한다. 그런 인연으로 이곳에 윤동주의 시비가 세워졌다.

"죽는 날까지 하늘을 우러러…" 시비에 적힌 서시를 읊조리며 산행을 시작한다. 인왕산길 옆으로 이어진 오솔길을 200m쯤 따르다 보면 '정상 1.01km'라 적힌 팻말을 만난다. 그 길을 따르면 곧 서울 성곽이 나타난다. 최근에는 18.2km에 이르는 서울 성곽 걷기가 인기인데, 그 길은 차례로 내사산을 넘게 된다. 서울 성곽이 북악, 인왕, 남산, 낙산을 자연 지형 그대로 이용해 성을 쌓은 탓이다. 제법 가파른 성곽 길을 20분쯤 오르면 능선 삼거리에 올라붙는다. 이곳에서 기차바위로 가려면 경찰 초소 아래의 철계단을 찾아야 한다. 철계단을 내려오면 비로소 기차바위 이정표가 보인다. 이정표를 지나 30m쯤 가면 널찍한 암반이 나오는데, 사람들이 벌러덩 누워 있다. 덩달아 그 옆에 누워보니 북악산에서 청와대, 다시 경복궁에서 도심으로 이어지는 풍경이 장쾌하다. 시원한 바람이 부는 이곳에 마냥 죽

기차바위 직전의 너럭바위에서 바라본 서울 풍경. 청와대, 경복궁을 비롯해 낙산과 용마산 등이 시원하게 펼쳐진다.

치고 싶지만 아직 때가 아니다. 툭툭 자리를 털고 일어나 봉우리에 올라
서면 그곳부터 기차바위가 시작된다. 기차바위는 약 30m 길이의 바위 능
선이다.
이곳의 조망은 상상을 초월한다. 북쪽으로 보현봉~문수봉~비봉~족두
리봉이 이어진 북한산 비봉능선이 하늘의 성채처럼 웅장하고, 그 품으로
구기동, 평창동이 젖먹이 아이처럼 안겨 있다. 동쪽으로는 북악산 자락이
미끄러지면서 도심으로 이어지다 남산이 봉긋하고, 서쪽으로는 안산과 홍
제동, 그리고 멀리 한강이 넘실거린다. 그 풍경을 물끄러미 바라보고 있으
면 '아~ 서울이 이렇게 멋진 곳이었구나!' 하는 감탄이 절로 튀어나온다.

정상 등정의 기쁨을 맛보는 삿갓바위

인왕산 정상으로 가려면 능선 삼거리로 되돌아가야 한다. 삼거리에서 남쪽 능선을 따르면 말끔히 보수된 성곽 길이 이어지고 정상으로 올라가는 철계단을 만난다. 탕탕 철계단을 밟고 오르면 정상 동쪽 면의 우람한 바위가 보이는데, 이곳이 치마바위다. 이 바위는 우리나라의 암벽등반 태동기에 초보자 훈련장으로 큰 인기를 끌었다.

정상에는 작은 바위 하나가 도드라져 있다. 삿갓을 벗은 모양이라 해서 삿갓바위다. 인왕산을 찾은 사람은 누구나 약 1.5m 높이의 삿갓바위에 올라 정상 등정의 기쁨을 만끽한다. 하산은 계속 남쪽 능선을 따른다. 급경사 계단을 15

인왕산 암봉들 아래에는 토종 원추리들이 제법 많다.

분쯤 내려오면 공사를 알리는 안내판이 길을 막는다. 범바위가 뻔히 보이지만, 그곳으로 이어진 능선은 출입이 불가능하다. 할 수 없이 안내판 앞에서 인왕천약수터로 내려가야 한다. 약수터에서 시원한 물 한 사발 들이키고 내려오면 인왕산길에 닿는다. 여기서 옥인시민아파트로 내려가면 옥인동을 거쳐 경복궁역에 닿게 된다. 인왕산은 월요일과 공휴일 다음 날에는 입산을 통제한다.

산길 친구

인왕산은 도심에서 쉽게 접근할 수 있다. 사직공원, 독립문역, 창의문, 부암동사무소, 홍제역 문화촌현대아파트와 인왕산현대아파트, 옥인동, 세검정 유원하나아파트 등에 들머리가 있다. 그중에서 사직공원과 독립문역을 많이 이용하지만, 창의문에서 시작하면 길이 좀 더 쉽다. 인왕산은 월요일과 공휴일 다음 날에는 입산을 통제한다.

가는 길과 맛집
서울특별시 종로구 청운동

교통
창의문(자하문)은 지하철 3호선 경복궁역 3번 출구로 나와 지선버스 정류장에서 0212, 1020, 7022번 버스를 타고 자하문고개에서 내린다.

맛집
하산지점인 옥인동의 옥인시장 내 체부동 잔칫집(730–5420)은 메밀전병(3,000원), 두부김치(7,000원) 등이 싸고 푸짐해 하산주를 곁들이기 좋다.

북봉에서 지그시 세상을 굽어보면 우리가 사는 땅을 사랑하지 않을 수 없게 된다. 응봉의 웅장한 품이 펼쳐지고, 그 왼쪽 멀리 설악산 주릉이 꿈틀거린다.

한반도 중심에서
솟구치는 호연지기

가평 화악산 북봉

실운현 ▶ 북봉 ▶ 실운현

그동안 화악산은 서글펐다. 경기도 최고봉으로 높이가 무려 1,468m에 이르지만, 오래전부터 군부대가 정상부를 꿰차고 있어 산꾼들이 외면했기 때문이다. 하지만 높은 산은 그 값을 하기 마련이다. 화악산은 태백의 금대봉에 견줄 만한 야생화 천국이며 지리적으로는 한반도의 정중앙에 해당하는 대길복지 명당이다. 화악산 북봉에 올라 세상을 굽어보면 밝은 기운 가득한 우리 땅의 아름다움을 느낄 수 있다.

산행 도우미
▶ 걷는 거리 : 약 5㎞
▶ 걷는 시간 : 4~5시간
▶ 코   스 : 실운현~북봉~실운현
▶ 난 이 도 : 무난해요
▶ 좋을 때 : 초가을에 좋아요

화악터널 개통으로 접근이 쉬워진 북봉 코스

경기 오악(관악, 운악, 감악, 송악, 화악) 중에서 으뜸인 화악산은 정상에 군부대가 들어서 그 남서쪽 중봉(1,446m)이 옹색하게 정상 역할을 해왔다. 그래서 산꾼들은 서너 시간 비지땀을 흘려 중봉에 올랐다가 군부대 철조망을 바라보며 입맛을 다셔야 했다. 총 7~8시간쯤 걸리는 험준한 산길을 생각하면 두 번 찾기 힘든 고된 산행이다.

화악산이 재발견된 것은 화악지맥을 종주하는 선구적인 산꾼들 덕분이다. 화악지맥은 한북정맥의 국망봉과 백운산 사이에서 가지를 쳐 화악산, 북배산, 보납봉 등을 빚어내고 북한강에 그 맥을 가라앉힌다. 화악지맥을 따르면 석룡산, 화악산 북봉, 실운현, 응봉이 마루금으로 연결된다. 따라서 화악산 북봉이 산행의 중심으로 떠오른 것이다.

화악산 북봉 코스는 2008년 말에 개통한 화악터널에서 시작해 실운현(1,044m)에서 능선을 타고 북봉까지 오르내리는 코스가 좋다. 이 길은 험준한 화악산을 부드럽게 즐기기에 안성맞춤이고, 초가을에 볼 수 있는 금강초롱, 투구꽃, 진범, 쑥부쟁이 등의 야생화를 만끽할 수 있다.

산행의 들머리는 화천 방향에서 화악터널을 보았을 때, 오른쪽으로 이어진 군사도로다. 임도처럼 널찍한 이 도로는 주인을 잃은 지 오래다. 가평 쪽 화악터널 앞으로 새로운 군사도로가 생겼기 때문이다. 물봉선, 두메고

남쪽 정상의 군부대 오른쪽으로 명지산과 운악산의
모습이 근육 좋은 맹수처럼 꿈틀거린다.

들빼기, 까실쑥부쟁이 등이 흐드러진 길을 30분쯤 오르면 실운현 사거리를 만난다. 왼쪽 바리케이드가 있는 곳이 응봉 군부대로 가는 길이고, 북봉은 오른쪽이다. 도로공사 중인 길을 100m쯤 오르면 오른쪽으로 헬기장이 보인다. 본격적인 산길은 헬기장에서 능선을 타면서 시작된다.

능선에 접어들면 숲에서 내뿜는 서늘한 공기가 밀려오고 며느리밥풀과 큰세잎쥐손이가 보이기 시작한다. 이어 길섶에서 보석처럼 반짝이는 금강초롱을 발견하면서 희열이 솟구친다. 주변을 둘러보니 서너 송이가 모두 진한 꽃을 머금고 있다. 금강초롱은 우리나라 특산종으로 금강산에서 처음 발견되어 금강초롱이란 이름이 붙었다. 화악산의 금강초롱은 다른 산의 꽃보다 유독 색이 짙어 식물 애호가들의 각별한 사랑을 받고 있다.

진범, 투구꽃, 단풍취, 금강초롱이 번갈아가며 나타나는 부드러운 능선을 1시간쯤 오르자 비로소 시야가 트인다. 화악산에서 만고풍상을 겪은 고사목 한 그루 뒤로 응봉의 웅장한 품이 펼쳐진다. 이곳의 고도는 대략 1,380m, 높은 산 특유의 알싸한 공기를 마시니 몸이 날아갈 듯 가볍다. 앞쪽으로 화악산 정상부의 군부대 시설물들이 눈에 들어오고, 군부대가 파놓은 교통호를 지대를 통과해 15분쯤 더 오르면 정상 능선에 올라붙는다. 능선 오른쪽으로 뭉툭하게 튀어나온 봉우리가 북봉이다.

북봉에는 정상 이정표가 없지만 군
부대의 시멘트블록이 있어 산꾼들은 그것을 정
상의 상징으로 삼는다. 북봉의 조망은 중봉보
다 한 수 위다. 여기서 지긋이 세상을 굽어보
면 우리가 사는 땅을 사랑하지 않을 수 없게
된다. 우선 북쪽으로 국망봉(1,168m)~광덕산
(1,046m)~복주산(1,152m)으로 이어지는 한북정
맥의 마루금이 시원하고, 남쪽으로 정상의 군
부대 오른쪽으로 명지산과 운악산의 모습이 근
육 좋은 맹수처럼 꿈틀거린다. 가장 풍경이 좋
은 곳은 동쪽이다. 화악산의 한 봉우리인 응봉
(1,436m) 뒤로 첩첩 산들이 이어지는데, 그 높이
와 톱날 같은 생김새가 예사롭지 않다. 응봉 왼
쪽 멀리 손톱만하게 보이는 삼각형 모양의 봉
우리가 바로 설악산 대청봉이다. 설악산을 발
견하니 기분이 하늘로 둥실 떠오른다.

화악산의 초가을을 화려하게 장식하는
구절초(위)와 금강초롱

예로부터 화악산은 지리적으로 한반도의 정중
앙으로 알려져 왔다. 중봉이란 이름은 정상아래 중간 봉우리란 뜻이 아니라
한반도의 중앙이라는 뜻이다. 우리나라 지도를 볼 때 전남 여수에서 북한 중
강진으로 일직선으로 이어지는 선이 국토 자오선(동경 127도 30분)이다. 여기에
가로로 북위 38도선을 그으면 두 선이 만나는 곳이 바로 화악산 정상이다. 그
래서 선조들은 화악산을 신선봉으로 부르며 이곳에서 제사를 올렸던 것이다.
북봉에서 빤히 보이는 정상부로 가면 좋겠지만, 군부대 철조망이 완강하
게 길을 막는다. 아직도 우리가 분단국가임을 실감하면서 발길을 돌린다.
올라온 길을 천천히 되짚어 내려가 화악터널 앞의 화악약수터에서 갈증을
달래며 산행을 마무리한다.

산길 친구

화악터널(890m)에서 시작해 화악산 북봉을 오르내리는 길은 높고 깊은 화악산을 즐기는 가장 쉬운 코스다. 특히 늦여름과 초가을에는 귀한 금강초롱과 닻꽃 군락을 만날 수 있다. 화악산을 길게 타고 싶으면 가평 용수리 조무락골~쉬밀고개~북봉~화악터널 9.2km, 7시간 코스가 좋다.

가는 길과 맛집
경기도 가평군 사창리

교통
화악산 북봉 산행은 화악터널에서 시작하기에 자가용을 가져가는 것이 편하다. 수도권에서는 47번 국도에서 자동차 전용도로를 타고 춘천 가는 46번 국도로 합류하는 길이 빠르다. 대중교통은 동서울종합터미널(1688-5979)과 상봉터미널(02-323-5885)에서 수시로 운행하는 사창리행 버스를 탄다. 사창리에서 화악터널까지는 택시를 이용한다. 택시비는 1만 1,000원선.

맛집
가평 북면 이곡리의 자연다슬기 해장국(031-582-4210)은 직접 담근 된장으로 구수한 맛을 낸 다슬기해장국을 내온다.

하늘도 땅도
　　사람도 온통 붉은 빛

秋

전망대에서 본 북쪽 스카이라인. 가운데 삼각형의 잘 생긴 봉우리가 소계방산이다. 이곳을 중심으로 왼쪽 멀리 가장 높은 곳이 설악산 대청봉이다.

두 팔 벌려 기지개 켜는
첩첩 산줄기

평창 계방산

운두령 ▶ 계방산 ▶ 이승복 생가 ▶ 노동리

가을이 오면 산은 기지개를 켠다. 여름내 무더위와 폭우에 시달린 산은 높고 시퍼렇게 열린 하늘을 따라 덩달아 부풀어 오른다. 여름에서 가을로 넘어가는 문턱에는 조망이 좋은 산이 제격이다. 이맘때 계방산을 찾으면 능선을 수놓은 야생화들이 살랑거리며 인사를 나누고 설악산, 오대산, 가리왕산 등 강원도의 내로라하는 산들이 일제히 기지개를 켜며 저마다 맵시를 자랑한다.

산행 도우미

▶ 걷는 거리 : 약 8.5㎞
▶ 걷는 시간 : 4~5시간
▶ 코 　 스 : 운두령~계방산~
　　　　　　　이승복 생가~노동리
▶ 난 이 도 : 무난해요
▶ 좋을 때 : 가을, 겨울에 좋아요

구름과 안개 넘나드는 운두령

계방산은 원시적인 자연, 접근성, 완만한 능선, 한라산·지리산·설악산·덕유산에 이어 다섯 번째로 높은 1,577m의 해발고도 등 산꾼들이 좋아할 만한 매력을 두루 갖췄음에도 그다지 인기가 없었다. 그러다 10여 년 전부터 한강기맥(오대산에서 양수리까지 이어진 약 155km 산줄기)을 종주하는 산꾼들의 입소문을 타고 계방산의 설경이 알려졌고, 지금은 겨울철이면 몰려든 인파로 몸살을 앓고 있다. 계방산은 설경 못지않게 가을철에 좋은 산이다. 특히 아침저녁으로 선선한 바람이 부는 늦여름에 찾으면 고운 야생화와 강원도 첩첩 산들의 기막힌 조망을 감상할 수 있다. 계방산의 들머리는 허구한 날 구름과 안개가 넘나드는 운두령(雲頭嶺), 1,089m 높이로 평창과 홍천을 이어주는 고개다. 여기서 488m 고도만 올리면 정상에 도착하니 1,000m 넘는 높이를 거저 먹고 들어가는 셈이다.

운두령에 낀 안개를 뚫고 나무계단을 오르면서 산행이 시작된다. 운두령을 벗어나자 산길은 깊은 숲으로 빨려들어 간다. 피나무, 물푸레나무, 신갈나무 등이 어우러진 호젓한 숲이다. 발바닥을 타고 푹신한 흙의 감촉이 전해온다. 길 오른쪽 숲에서 아침 햇살이 무수한 창검처럼 쏟아진다. 30분쯤 지나면 물푸레나무 군락지가 나타난다. 나무껍질에 허연 무늬가 있어 다른 나무와 쉽게 구별할 수 있다. 여기서 30분쯤 더 가 쉼터에서 한숨 돌린다.

쉼터를 지나면서 길은 제법 가파르지만, 깔딱고개처럼 숨넘어갈 정도는 아니다. 박하향이 나는 오리방풀 향기를 맡으며 30분쯤 땀을 흘리니 시나브로 하늘이 열리며 조망이 터진다. 이어 나무 데크로 조망대를 설치한 1492봉에 올라서면 '우와!' 탄성이 터져 나온다. 강원도의 첩첩 산줄기가 꼬리를 물고 하염없이 이어진다. 그야말로 벅차오르는 감동의 물결이다. 전망대는 조물주가 자신이 만든 산세를 감상하려고 가장 나중에 만들어놓은 장소 같다.

이곳이 계방산 정상보다 전망이 좋고 호젓하니 배 터지게 산 구경을 하자. 우선 조망 안내판을 참고해 설악산과 오대산을 찾아보자. 북쪽으로 가까운 거리에 삼각형 모양의 빼어난 봉우리가 보이는데, 그곳이 소계방산(1,490m)이다. 소계방산을 기준으로 왼쪽 멀리 가장 높은 봉우리가 설악산으로 중청과 대청의 모습이 선명하게 보인다. 소계방산 오른쪽 멀리 펼쳐진 부드러운 연봉이 오대산으로 그 중 가장 높은 곳이 비로봉이다. 카메라 파인더를 들여다보니 놀랍게도 설악산과 오대산이 한 컷에 잡힌다. 두 산의 직선 거리가 50㎞쯤 되니 참으로 위대한 전망대가 아닐 수 없다. 남쪽으로 시선을 돌리니 평창, 정선 일대의 산들이 해일처럼 몰려오고 있다.

전망대에서 산 구경만 하면 꽃들이 섭섭하다. 시선을 아래로 떨구면 군락

돌탑이 세워진 계방산 정상. 가을 하늘이 넓게 열리면 산도 기지개를 켠다.

반갑다며 윙크를 보내는 둥근이질풀

계방산에는 꽃이 많아 예쁜 나비들도 많다.

을 이룬 연분홍빛 둥근이질풀이 살랑거리고 모시대, 진범, 동자꽃, 꼬리풀 등이 땅을 곱게 수놓았다.

조물주가 만들어 놓은 전망대

전망대에서 동쪽으로 훤히 보이는 정상까지는 20분 거리. 전망대에서 환희를 맛본 탓에 발걸음이 저절로 내딛어진다. 거대한 돌탑이 세워진 정상은 널찍한 공터다. 정상에는 유독 아름다운 나비들이 많다. 푸른 하늘 아래서 짝을 지어 비행하는 모습은 보기 참 좋다. 돌탑에 돌멩이를 하나 얹고 가슴속 간직한 소망을 빌어본다.

하산 코스는 세 가지. 가장 쉬운 길은 올라온 길을 되짚어 운두령으로 내려가는 길이고, 정상 남쪽으로 이어진 능선길과 계곡길이 있다. 계곡길은 정상 동쪽 능선을 따른다. 10분쯤 가면 등산로를 폐쇄한 곳을 만난다. 오대산으로 이어진 길을 막은 것이다. 길은 여기서 능선 남쪽으로 이어진다. 하산을 시작하면 높이 15m쯤 되는 거대한 주목을 만난다. 이곳이 산림보호자원인 계방산 주목 군락지다. 거대한 양치식물들과 주목이 어우러져 원시성이 그득한 길을 40분쯤 내려오면 계곡을 만나게 된다. 너덜길이 많은 계곡을 1시간 30분쯤 내려오면 노동리 이승복 생가. 아담한 귀틀집 마당에 앉아 산행을 마무리한다.

산길 친구

운두령을 들머리로 1492봉 전망대를 거쳐 정상까지는 길이 완만해 2시간이면 도착할 수 있다. 정상에서 노동리로 하산하는 계곡길 코스는 좀 험한 편이다. 차를 운두령에 세웠을 경우에는 정상에서 다시 운두령으로 내려오는 것이 좋다.

가는 길과 맛집
강원도 평창군 용평면 노동리

교통
자가용은 영동고속도로 속사 나들목으로 나와 운두령으로 향한다. 대중교통은 동서울종합터미널(1688-5979)에서 진부행 버스가 06:32부터 수시로 다닌다. 진부에서 운두령 가는 버스는 09:30 13:10 17:00에 있다.

맛집
운두령 일대에는 송어회가 유명하다. 쉼바위송어횟집(033-333-1222)과 운두령한옥송어횟집(033-332-1943)이 유명하다.

2009년 5월에 개통한 국내 최대 규모의 청량산 하늘다리. 약 800m 높이의 선학봉과 자란봉 연결했고,
다리에서 바라보는 육육봉과 낙동강의 풍광이 빼어나다.

하늘 걷는 맛이 이럴까…
육육봉 너머 낙동강이 흐르네

봉화 청량산 하늘다리

입석 ▶ 응진전 ▶ 자소봉 ▶ 하늘다리 ▶ 청량사

산행 도우미
▶ 걷는 거리 : 약 5㎞
▶ 걷는 시간 : 4∼5시간
▶ 코   스 : 입석∼응진전∼자소봉
　　　　　 ∼하늘다리∼청량사
　　　　　 ∼입석
▶ 난 이 도 : 조금 힘들어요
▶ 좋을 때 : 가을에 좋아요

청량산(870m)은 낙타의 등처럼 생긴 12봉우리 (육육봉)의 웅장한 기상이 일품인 산이다. 중부 내륙의 첩첩 산 중에서 청량산의 아름다움을 알아본 사람은 퇴계 이황이었다. 퇴계는 청량산이 세상에 알려지는 게 싫었다. "청량산 육육봉을 아는 이 나와 흰 기러기뿐. 기러기가 날 속이랴 못 믿을 건 도화(桃花)로다. 도화야 물 따라 가지 마라 어주자(魚舟子)가 알까 하노라"라고 읊으며 청량산에 대한 짝사랑을 고백했다. 그리고 자신의 호를 아예 청량산인으로 고쳐 불렀다. 하지만 역설적으로 퇴계 덕분에 청량산은 널리 알려져 지금까지 많은 사람들로부터 사랑받고 있다.

오지 중의 오지였던 봉화가 뜨는 이유

청량산 최고 전망대로 꼽히는 어풍대에서 본 청량사 풍경. 낙타의 등처럼 생긴 봉우리들이 우뚝하고 오른쪽 가장 높은 암봉이 자소봉이다.

경북 내륙의 오지 중의 오지였던 봉화가 요즘 인기를 모으고 있다. 예전에서 수도권에서 5~6시간 걸렸지만 지금은 길이 좋아져 3시간이면 닿을 수 있다. 접근성이 좋아진 덕분에 청정한 오지의 자연이 관광자원으로 거듭난 것이다. 매년 열리는 은어축제와 송어축제, 그리고 2009년에 상영되어 큰 인기를 누린 영화 〈워낭소리〉 촬영지, 또한 2009년 5월에 개통한 국내 최대 규모의 청량산 하늘다리덕에 찾는 인파가 폭발적으로 늘어나고 있다.

청량산은 전체적으로 험하지만 비탈과 봉우리 사이를 부드럽게 타고 도는 산길은 생각보다 어렵지 않다. 산행 코스는 입석에서 시작해 응진전, 어풍대, 김생굴을 차례로 거쳐 자소봉(840m)에 올랐다가 능선을 타고 하늘다리를 찍고 청량사로 하산하는 것이 좋다. 거리는 약 5km, 4시간쯤 걸린다.

청량산 입구에서 산으로 들어가려면 낙동강을 건너야 한다. 옛 선비들은 이곳에서 배를 타고 강을 건넜다.

김생굴은 신라 명필 김생이 글씨를 연마했다는 전설이 서려 있다.

배 안에 올라 갓끈을 벗어 땀을 닦던 퇴계는 강 물에 흔들리며 얼마나 설레었을까. 그러나 지 금은 차를 타고 널찍한 다리를 몇 초 만에 건너 버린다. 참으로 분위기 없는 입산이다. 다리 건 너 2km쯤 떨어진 입석에서 산행을 시작한다.

산길은 초반부터 급경사 이어지지만 10분쯤 오르면 순해지면 서 금탑봉 아래 다소곳이 들어서 응진전이 눈에 들어온다. 응 진전 뒤로 보이는 큰 암봉 위에 작은 바위가 올려져 있는데, 이를 동풍석(動風石)이라 한다. 저절로 움직인다는 전설의 바위 다. 예전에 어떤 스님이 이곳에 절을 지으려 했다. 그런데 암 봉 위에 바위가 있는 걸 보고 스님이 올라가 떨어뜨렸다. 다음 날 보니 그 바위가 도로 올려져 있어 절을 짓지 못했다는 이 야기가 내려온다. 응진전 안에는 특이하게도 16나한상과 함 께 공민왕의 부인인 노국공주가 모셔져 있다. 공민왕과 함께 홍건적의 침입 때 피난 온 노국공주가 손수 16나한을 깎아 응 진전에 모시고 홍건적 퇴치와 국가안녕을 기원했다고 한다.

응진전을 지나 모퉁이를 돌면 청량산 최고의 전망대인 어풍 대가 나온다. 어풍대는 천 길 벼랑으로 철난간 쪽으로 가까이 가면 청량산 육육봉이 연꽃처럼 펼쳐진다. 그 안 꽃술자리에 청량사가 포근히 안겨 있다. 과연 청량사의 자리는 청량산의 기운이 모이는 기막힌 명당이다. 어풍대를 지나면 신라 최치 원이 마시고 머리가 좋아졌다는 총명수, 명필로 유명한 김생 이 은거하며 글씨를 썼다는 김생굴을 차례로 지난다. 이어 길 은 어풍대에서 보았던 암봉들 사이를 이리저리 부드럽게 휘 돌아가며 자소봉에 이르는데, 그 오묘한 조화에 힘든 줄 모른 다. 코가 닿을 듯한 급경사 철계단을 오르면 자소봉 정상이다.

낙동강을 바라보며 하늘다리를 걷는 맛

　　스님들은 보살봉, 주민들은 탕건봉으로 부르는 자소봉은 청량산의 실질적인 정상이다. 청량산 최고봉인 장인봉보다 40m쯤 낮지만 육육봉의 중심축을 이루며 그 생김새가 수려하기 때문이다. 북쪽 멀리 웅장하게 흘러가는 백두대간 소백산 구간이 아스라이 펼쳐진다.

자소봉을 내려오면 본격적인 능선길이다. 탁필봉과 연적봉을 우회해 급경사 철계단을 내려오면 뒷실고개 삼거리. 여기서 작은 고개를 넘으면 웅장한 하늘다리가 버티고 있다. 선학봉과 자란봉을 연결하는 이 다리의 고도는 약 800m, 길이 90m, 지상높이 70m로 국내 최대 규모의 현수교다. 다리로 들어서니 워낙 튼튼하게 지어 흔들림이 거의 없다. 가운데 멈춰서니 왼쪽 병풍바위 뒤로 유장하게 흘러가는 낙동강이 장관이다.

하산은 왔던 길을 되짚어 뒷실고개에서 청량사로 내려가는 것이 정석이다. 뒷실고개에서 급경사 계단 800m를 쉬엄쉬엄 내려오면 청량사. 주지인 지현스님과 신도들은 험한 산비탈에 옹색하게 들어앉은 청량사를 아기자기하고 예쁘게 가꿔놓았다. 길에는 시멘트 대신 침목을 깔았고, 정갈한 장독대, 기왓장으로 만든 수로, 아담한 찻집 등의 모습이 정겹다. 공민왕의 친필이라 알려진 유리보전 건물 앞 의자에 앉으니 기다렸다는 듯, 가을바람이 찾아와 처마 밑의 풍경을 건드린다. 저물어가는 산사에서 기분 좋게 산행을 마무리 한다.

응진전에 모셔진 노국공주. 공민왕과 함께 홍건적의 침입 때 피난 온 노국공주는 손수 16나한을 깎아 응진전에 모시고 홍건적 퇴치와 국가 안녕을 기원했다고 한다.

입석을 들머리로 응진전~어풍대~김생굴~자소봉~뒷실고개~하늘다리~뒷실고개~청량사~입석 코스는 약 5km, 4시간쯤 걸린다. 하늘다리에서 장인봉을 거쳐 하산하지 않는 것이 포인트다. 그 길은 험해 추천하고 싶지 않다. 하늘다리에서 다시 능선을 되짚어 뒷실고개로 갔다가 청량사로 내려온다. 청량산도립공원관리사무소 054-673-6194.

가는 길과 맛집
경상북도 봉화군 명호면 북곡리

교통
자가용은 중앙고속도로 풍기 나들목으로 나와 영주를 거쳐 봉화에 이른다. 서울에서 3시간쯤 걸린다. 버스는 동서울종합터미널(1688-5979)에서 봉화행 버스가 07:40 09:40 11:50 13:50 16:10 18:10에 있다. 소요시간 2시간 40분. 봉화에서 청량산행 버스는 06:20 09:20 13:30 17:40. 안동에서도 청량산행 버스가 05:50 08:50 11:50 14:50 17:50에 다닌다.

맛집
봉화는 질 좋은 약초를 먹고 자란 한우가 유명하다. 시내에서 가까운 한약우프라자(054-674-3400)는 1++ 등심 200g이 1만 4,000원으로 저렴하다.

만경대에서 본 공룡능선과 오세암. 내설악에서 본 공룡능선은 초식 공룡처럼 순하다.

〈님의 침묵〉과 함께 걷는
그윽한 단풍나무 숲길

인제 설악산 만경대

백담사 ▶ 만경대 ▶ 오세암 ▶ 백담사

산행 도우미

▶ 걷는 거리 : 약 13㎞
▶ 걷는 시간 : 7~8시간
▶ 코   스 : 백담사~만경대~
            오세암~백담사
▶ 난 이 도 : 조금 힘들어요
▶ 좋을 때 : 여름, 가을에 좋아요

9월 중순, 이미 대청봉에는 불이 당겨졌다. 대청에 부는 바람 속에서 겨울을 감지한 나무들은 서둘러 잎에 저장된 양분을 줄기로 보낸다. 이 과정에서 잎에 남아 있던 색소가 붉게 혹은 노랗게 드러나는데, 이것이 단풍이다. 식물에게 단풍은 생존 방식이지만, 인간에게는 매년 찾아오는 자연의 축복이다. 설악산에서 부담 없이 단풍 구경하기에 내설악 만경대 만한 곳이 좋다. 백담사에서 만경대로 가는 길은 만해 한용운의 "님은 갔습니다… 푸른 산빛을 깨치고 단풍나무 숲을 향하여 난 작은 길을 걸어서 차마 떨치고 갔습니다…" 하는 시구가 떠오르는 그윽한 단풍 숲길이다.

오세암 가는 길에 숨겨진 만경대

설악산에 만경대가 셋이다. 오세암 직전의 내설악 만경대, 양폭산장 위쪽의 외설악 만경대, 오색 근처의 남설악 만경대. 만 가지 경치를 두루 굽어볼 수 있는 곳이니, 단풍 풍광은 얼마나 아름다울까. 옛 문헌에는 내설악 만경대만 기록되어 있지만, 점차 외설악과 남설악에도 하나씩 생겼다. 내설악 만경대가 깊은 맛이 있다면, 외설악 만경대는 눈이 멀도록 화려하다. 그리고 남설악 만경대는 가장 늦게 생긴 탓에 아는 이가 드물다. 세 개의 만경대 중에서 가장 찾기 쉬우면서도 빼어난 풍광을 자랑하는 곳이 내설악 만경대다. 국내 최고를 자부하는 설악의 단풍을 즐기려면 서둘러야 한다. 내설악의 단풍 절정기는 대개 10~13일쯤이다. 일기예보에서 단풍 절정기(대개 10월 20일경)란 말을 듣고 떠났다가는 찬바람만 두들겨 맞기 십상이다.

백담사에서 오세암으로 가는 길은 만해 한용운의 〈님의 침묵〉이 떠오르는 그윽한 단풍 숲길이다.

산행 코스는 오세암 가는 길과 같다. 내설악의 산문 격인 백담사에서 시작해 영신암을 거쳐 만경대에 올랐다가 오세암을 찍고 되돌아가는 일정이다.

용대리에서 백담사까지 이어진 백담계곡은 예전에는 걸어 다녔지만, 요즘은 셔틀버스를 타고 절 앞까지 오른다. 버스에서 내려 백담사로 이어진 백담교를 건너면서 마음을 다잡아야 하지만, 계곡을 물들인 화려한 단풍 빛에 온몸이 벌렁거린다. 절에 들어 만해 한용운 동상 앞에서 인사를 드리자마자 붉게 물든 계곡으로 달려간다. 물가에 있는 나무들의 단풍이 더욱 곱고 진하다.

백담사를 지나면 수렴동계곡을 따라 평지처럼 순한 길이 이어진다. 계곡물은 투명한 에메랄드빛을 띠고, 길섶에는 붉고 노란색의 단풍들이 형형색색으로 옷을 갈아입고 있다. 그 찬란한 풍경 속을 걷다보면 몸의 세포 하나하나가 올챙이처럼 두 눈을 뜨고 감탄을 연발한다. 어쩌면 한용운 역시 이 길을 산책하다가 〈님의 침묵〉을 떠올렸을지도 모를 일이다. 1시간쯤 지나면 암자란 말이 무색할 정도로 중창불사를 한 영심암에 이른다. 이곳에서 잠시 목을 축이고 10분쯤 더 가면 갈림길, 여기서 오세암과 봉정암이 갈린다. 오세암 방향으로 들어서면 슬그머니 길은 오르막으로 변한다. 작은 고개를 넘어 두 번째 고갯마루에서 만경대로 올라가는 것이 이번 산행의 포인트다. 만경대란 이정표가 없기에 오세암 직전의 고개를 기억하면 되겠다.

다섯 살 동자와 관음보살의 순수한 교감

고갯마루에서 가파른 산길을 10분쯤 올라가면 소나무와 암반이 어우러진 정상부가 나온다. 이곳이 내설악 만경대다. 가장 먼저 눈에 들어오는 것은 북동쪽으로 훤히 보이는 오세암. 공룡능선을 병풍처럼 두른 모습이 한눈에도 기막힌 명당자리다. 단풍과 전나무의 초록, 그리고 천수관음보전의 청기와 지붕이 어울린 모습은 그대로 동화 속의 한 장면이다. 내설악과 외설악을 가르는 공룡능선을 따라 동쪽으로 가다보면 설악산의 제왕인 대청봉의 육중한 모습이 드러나고, 그 앞으로 대청을 지키는 수호신 용아장성릉의 암봉들이 육식 공룡 이빨처럼 드러나 으르렁거린다. 용아장성릉 뒤로 보이는 높은 능선 마루금은 귀때기청봉(1,577m)에서 대청으로 이어진 서북능선이다. 과연! 이곳 만경대처럼 웅장하면서도 섬세한 내설악의 풍경을 보여주는 곳이 또 있을까. 만경대를 내려와 고갯마루를 내려서면 오세암. 다섯 살 아이가 홀로 폭설 속에 고립되었으나 관음보살과 순수한 교감을 나누며 성불했다는 아름다운 전설이 내려오는 소박한 암자다. 이 전설은 동화작가 정채봉의 손에 의해 오누이의 이야기로 변주되면서 우리의 심금을 더욱 울리기도 했다. 오세암에서 되돌아오는 길은 그동안 달아올랐던 몸과 마음을 차분하게 가라앉힌다. 설악의 깊은 아름다움이 시나브로 슬픔의 감정까지 불러오는 것은 왜일까. 내설악을 찬란하게 비추던 빛이 점점이 사라지며 땅속에서 스멀스멀 올라온 땅거미가 가야 할 길을 집어삼킨다.

유독 고운 단풍이 찾아온 백담사 앞 개울

산길 친구

백담사에서 오세암까지는 험준한 설악산답지 않게 길이 순하고 부드러워 아이들도 잘 올라간다. 이른 아침에 백담사를 출발한다면 오세암을 지나 공룡능선을 타고 설악동으로 내려갈 수 있다. 백담사~오세암~마등령~공룡능선~희운각~설악동 코스는 산행 시간을 10시간 넘게 잡아야 한다.

가는 길과 맛집

강원도 인제군 북면 용대2리
백담사

교통

동서울종합터미널(1688-5979)에서 백담사행 버스가 06:29~19:05까지 약 1시간 간격으로 운행한다. 길이 좋아져 2시간 30분밖에 안 걸린다. 백담사 입구에서 백담사까지는 수시로 셔틀버스가 다닌다.

맛집

백담사 일대에는 황태요리와 순두부가 유명하다. 할머니황태구이(옛 이름 할머니순두부, 033-462-3990)집은 30년간 산꾼들에게 뜨끈한 순두부와 황태요리를 선사했다. 단풍철이면 속초 동명항에 양미리가 제철이다. 항구 노천에서 연탄불을 피워 양미리를 구워준다. 1만 원이면 두 사람이 배 터지게 먹는다.

길이 평지처럼 순한 묘반쟁이에 근처에 단풍이 절정이다. 늦가을에 구룡령 옛길을 찾으면 수북이 쌓인 낙엽들이
지친 발자국을 부드럽게 어루만진다.

주저리 주저리 옛 이야기 서린
황홀한 옛길

양양 구룡령 옛길

56번 국도 구룡령 ▶ 구룡령 옛길 ▶ 갈천리

산행 도우미

▶ 걷는 거리 : 약 4.36㎞
▶ 걷는 시간 : 3시간
▶ 코　　스 : 56번 국도 구룡령~
　　　　　　구룡령 옛길~갈천리
▶ 난 이 도 : 쉬워요
▶ 좋 을 때 : 가을에 좋아요

구룡령 옛길이 온전히 살아남은 건 거의 기적이다. 양양 서면 갈천리에서 백두대간 능선을 넘어 홍천 내면 명개리에 이르는 옛길은 양양과 고성의 선비들이 한양으로 과거 보러 가던 꿈 많은 길이고, 양양의 아버지들이 동해의 해산물을 지고 홍천으로 넘어가 곡식과 바꿔왔던 고단한 길이다. 1874년 일제가 동해안 지역의 물자 수탈을 위해 옛길에서 1㎞쯤 떨어진 곳에 비포장도로를 냈고, 1994년 비포장길이 말끔하게 아스팔트로 포장되면서 옛길은 아주 잊혀버리고 말았다. 하지만 갈천리 마을 주민들이 수풀 속에서 묻혀 있던 길을 발굴하고 보살핀 덕분에 구룡령 옛길은 새롭게 태어났다.

명승 길로 지정된 '문화재 길'

구룡령 옛길은 옛길이 간직한 미덕이 오롯이 담겨 있다. 험준한 오르막은 굽이굽이 돌면서 부드럽게 이어지고, 하늘을 찌르는 금강송들은 활엽수들과 어울려 그윽한 숲의 정취를 풍긴다. 그리고 갈천리에서 명개리까지의 거리는 지금의 포장도로보다 훨씬 짧다. 이러한 옛길의 원형과 정취를 담고 있기에 갈천리에서 옛길 정상까지 2.76km가 명승으로 지정되어 '문화재 길'이 되었다(홍천 내면 명개리에서 옛길 정상까지 3.7km는 뒤늦게 복원된 탓에 명승 길이 아니다). 국내의 명승 길은 이곳 외에도 문경새재, 죽령 옛길, 문경의 토끼비리(관갑천 잔도)가 있다.

구룡령 옛길의 탐방은 갈천리에서 백두대간을 넘어 명개리까지 고개를 온전하게 잇는 것이 정석이지만, 명개리로 내려가면 교통편이 마땅치 않다. 그래서 포장도로 구룡령 정상에서 시작해 옛길 고갯마루까지 백두대간 마루금을 잇고, 옛길을 따라 갈천리까지 내려오는 코스가 좋다. 현재의 길과 과거의 길이 백두대간을 통해 연결되는 이 코스는 힘들이지 않으면서 옛길과 백두대간을 체험할 수 있는 기막힌 코스다.

56번 국도가 지나는 구룡령의 본래 이름은 '장구목'이다. 도로가 포장되면서 이름이 구룡령으로 둔갑해 지금까지 굳어졌다. 구룡령 생태터널 앞에는 '백두대간 구룡령'이란 거대한 돌비석이 서 있다. 그 뒤로 난 길은 약수산과 오대산 방향이고, 도로 건너편으로 나무계단이 보인다. 구룡령 옛길로 가려면 그쪽으로 올라야 한다. 가파른 계단을 올라 100m쯤 가면 본격적으로 백두대간 마루금을 밟게 된다. 1,000m가 넘는 고도지만 길은 평지처럼 순하다. 능선으로만 백두산에서 지리산까지 연결된다는 것이 참으로 경이롭다.

구룡령에서 본 양양 방면의 풍경. 가운데 보이는 마을이 갈천리이고, 멀리 설악산의 웅장한 모습이 장관이다.

30분쯤 걸었을까. 쏴~ 갑자기 파도소리가 들린다. 백두대간 능선을 넘으면 동해가 펼쳐지는 것을 아는 듯, 내륙에서 불어온 바람은 능선의 나무들을 두들기며 파도 흉내를 내더니 뺨을 후려치고 달아난다. 낙엽이 진 능선은 심술궂은 바람이 주인 노릇을 톡톡히 한다. 1121봉에 올라서자 나뭇가지 사이로 갈천리 마을이 보인다. 여기서 본 갈천리는 그야말로 백두대간 아래 첫 마을이다.

1121봉에서 내려서면 구룡령 옛길 정상. 여기서 잠시 숨을 고르고 갈천리 방향으로 내려서면서 본격적으로 옛길 탐방에 나선다. 완만한 산비탈 길에는 수북한 낙엽이 발바닥을 부드럽게 어루만진다. 활엽수들은 이미 잎사귀를 떨어냈다. 가랑잎 하나를 주고 냄새를 맡으니 뜻밖에 좋은 냄새가 난다. 아직 나무의 향기가 마르지 않았다. 잎사귀에서 향기가 사라지면 가을도 떠나리라.

경복궁 복원에 사용했던 금강송들

길은 산의 허리춤을 파고들면서 구불구불 휘어진다. 구룡령(九龍嶺)이라는 이름은 아홉 마리 용이 구불구불 거리며 올라가는 것처럼 보인

백두대간을 알리는 구룡령의 비석

구룡령 옛길에는 금강송들이 활엽수와 어울려 그윽한
정취를 풍긴다.

다고 해서 붙여진 이름이다. 오른쪽 나뭇가지 사이로 구룡령 포장도로가
눈에 들어온다. 옛길에서 새길까지의 거리는 불과 1㎞가 안 되지만, 세월
의 거리는 참으로 아득하다. 이윽고 눈부시게 흰 돌이 간간이 눈에 들어오
는 횟돌반쟁이. 옛 행인들이 쉬어가던 곳으로 장례식에 쓰는 횟돌이 나왔
다고 해서 그런 이름이 붙었다.

물자작나무라고도 하는 거제수나무 몇 그루가 단풍과 어울린 그윽한 길
을 내려서니 굵은 소나무 그루터기들이 보이는 곳은 솔반쟁이. 이곳의 금
강송들은 1989년 경복궁 복원에 사용되었다고 한다. 구불거리는 길이 잠
깐 평지처럼 순하게 이어지다 무덤 하나를 만난다. 군 경계를 확정하기 위
해 홍천 명개까지 양양 수령을 업고 뛰다 돌아오는 길에 지쳐 죽은 젊은
청년의 무덤인 묘반쟁이다. 이름도 예쁘고 그곳에 서린 전설도 재미있다.
무덤을 지나면 하늘을 찌르는 금강송들이 유감없이 펼쳐진다. 그 중 하나
는 둘레가 270㎝, 높이 25m로, 수명이 무려 180살이다. 이렇게 기품 있으
면서도 야생이 살아 있는 금강송은 전국적으로 흔하지 않다. 목이 아픈 줄
모르고 금강송 구경을 하다보면 어느덧 계곡을 만나면서 옛길은 끝난다.
맑은 물에 땀을 닦고 있는데, 심술쟁이 바람이 다시 찾아와 낙엽 한 움큼
을 머리 위로 뿌려놓는다.

산길 친구

구룡령 옛길은 갈천리에서 올라가는 것보다 56번 국도 구룡령에서 갈천리로 내려가면서 보는 것이 쉽다. 장거리 걷기 여행자들은 오대산 상원사에서 백두대간 고갯마루를 넘어 명개리~구룡령 옛길 정상~갈천리 코스를 타기도 한다. 이 길은 약 30km, 1박 2일 걸린다. 갈천리 관광 정보는 마을 홈페이지(http://www.치래마을.kr)에 잘 나와 있다.

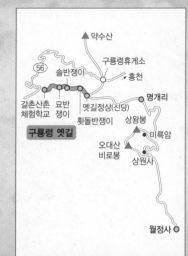

▲ 약수산
구룡령휴게소
솔반쟁이 · 홍천
(56)
갈촌산촌 묘반 옛길정상(신당) · 명개리
체험학교 쟁이
횟돌반쟁이 상왕봉
구룡령 옛길 ▲ 미륵암
오대산 ▲
비로봉 상원사 ▲

월정사 ○

가는 길과 맛집
강원도 양양군 서면 갈천리

교통
구룡령은 대중교통이 불편해 자가용을 이용하는 것이 좋다. 수도권에서 출발하면 서울~춘천 고속도로를 이용해 홍천까지 이른 후에 56번 국도를 타고 창촌을 지나 구룡령에 닿는다. 양양에서 갈천리행 버스는 1일 5회(08:10 홍천행, 11:00 13:30 16:00 18:10) 운행한다. 구룡령에 차를 댔으면 갈천리에 도착한 후에 갈천리 주민들의 픽업서비스를 이용한다(엄주현 이장 011-294-2427).

맛집
갈천리는 산나물과 토끼탕이 유명하다. 갈천약수가든(033-673-8411), 치래마당(033-673-0050) 등에서 정성껏 음식을 준비한다.

치악산의 보물은 구룡사계곡의 금강송 군락이다. 이곳은 조선시대 조정에서 관리하던 곳으로 황장금표가 남아 있다.

호랑이 사라진 산에
금강송이 주인 노릇

원주 치악산 구룡사계곡

구룡사 입구 ▶ 세렴폭포 ▶ 구룡사

영동고속도로를 타고 여주에서 원주로 들어서려면 통과의례처럼 거쳐야 할 절차가 있다. 그것은 홀연히 나타난 치악산과 눈을 맞추는 일이다. 최고 높이 1,288m, 폭 26㎞로 펼쳐진 치악산은 이곳이 강원도 땅임을 알리는 이정표 역할을 톡톡히 해왔다.

구룡사에서 세렴폭포까지 이어진 계곡은 완만하고 볼거리가 많아 가족과 연인의 걷기 코스로 좋다.

황장목, 나라에서 찜한 소나무들

치악산은 원주의 진산이지만 그 품은 횡
성과 영월까지 걸쳐 있기에 영서지방을 대표하는 큰
산으로 봐야 한다. 예로부터 치악산에서 유명했던
것이 호랑이다. 산기슭 마을에는 수십 년전까지만
해도 소를 호랑이에게 산 채로 제물로 바치는 민속
이 남아 있었다고 한다. 이인직은 1908년 발표한 신

소설 『치악산』에서 "백주에 호랑이가 득시글거려 포
수가 제 고기로 호랑이 밥을 삼는 일이 종종 있다."
면서 "금강산은 문명한 산이요, 치악은 야만의 산이
더라."라고 했다. 그만큼 산이 깊고 험해 사람들의
발길이 뜸했다는 말이다. 덕분에 치악산은 다른 산
에 비해 원시적인 자연이 살아 있다.

치악산은 산꾼들에게 악산으로 유명하다. 오죽했으
면 '치가 떨리고 악에 받쳐 치악산'이란 말까지 나왔을
까. 하지만 치악산 북쪽으로 비로봉 오르는 길목에는
수려하고 부드러운 길이 숨어 있다. 구룡사 입구에서
부터 세렴폭포까지 3㎞ 구간이다. 이곳은 호랑이 가
죽 무늬가 선명한 금강소나무들이 장관을 이루고 길
이 순해 가족과 연인의 가벼운 걷기 코스로 그만이다.
구룡사 매표소를 지나면서 산길이 시작된다. 길 초
입부터 서늘한 공기에 실려 온 향기가 예사롭지 않
다. 둘러보니 산비탈에 붉은 소나무들이 빼곡하다.
길 왼쪽으로 황장금표(黃腸禁標)를 알리는 안내판이
눈에 들어온다. 황장금표는 말 그대로 황장목을 베
지 말라는 경고를 새긴 돌이다. 나라에서 찜한 귀한
나무들이기 때문이다.

황장목은 조선시대 궁궐을 짓는 데 사용했던 속이
붉고 단단한 금강소나무를 말한다. 껍질이 붉다고
해서 적송, 아름다운 자태 덕에 미인송이라고도 일
컫는다. 구룡교를 건너면 본격적으로 미끈하게 빠
진 노송들이 나타나고, 구룡사 일주문인 원통문에
서 절정을 이룬다. 마음에 드는 나무를 골라 안아
보고 우러러 큰 키를 가늠해본다. 원통문에서부터
는 느릿느릿 걸어야 제맛이다. 청아한 계곡 물소리

가 귀를 뚫고 나무를 스치고 가는 바람이 몸을 관통해 사라진다.

부도탑을 지나면 어느덧 구룡사. 본래 절터는 깊은 연못이었는데, 의상대사가 아홉 마리 용을 내쫓고 절을 세웠다고 한다. 절을 지나면 구룡사계곡 최고의 명소인 구룡소. 의상에게 쫓긴 아홉 마리 용 중의 하나가 마지막까지 머물렀다는 곳이다. 폭포는 작지만 그 앞의 크고 깊은 소가 신비롭다.

구룡소를 지나면 다시 소나무들이 하늘을 찌르고, 넓은 터에 자리잡은 대곡야영장이 나온다. 이곳에 텐트를 치고 별을 헤아리는 황홀한 하룻밤을 상상해 본다. 길은 구렁이 담 넘듯 완만한 오르막이 이어지고 '좀 쉬었다 갈까?' 하는 생각이 들 무렵이면 세렴폭포에 이른다. 4단으로 이루어진 폭포는 작고 예쁘다. 계곡에 앉아 점심을 먹으며 가만히 물소리에 귀를 기울인다. 평화로운 시간이 느릿느릿 흘러간다.

치악산의 상징인 미륵불탑. 원주에 사는 용창중 씨가 산신령의 계시를 받고 쌓았다고 한다.

계곡에서 만난 서리꽃 단풍

산길 친구

구룡사계곡은 문화유산과 자연유산이 어울린 명품 계곡이다. 세렴폭포까지 길이 순해 누구나 다녀올 수 있다. 세렴폭포 이후 비로봉 정상까지 이르는 사다리병창 코스는 매우 험하다.

가는 길과 맛집
강원도 원주시 소초면 학곡리

교통
동서울종합터미널(1688-5979)에서 구룡사행 직통버스가 10:10 12:50 17:10에 있다. 2시간 20분 걸리고, 요금은 1만 2,100원. 원주에서 구룡사행 버스는 원주역과 시외버스터미널에서 41번, 41-2번 시내버스를 이용한다. 자가용은 영동고속도로 새말나들목으로 나와 구룡사 이정표를 따르면 쉽게 찾을 수 있다.

맛집
구룡사 입구의 구룡사밤나무집(033-732-8560)은 20년 넘게 자리를 지켜온 터줏대감이다. 엄나무백숙과 산채비빔밥을 잘한다. 새말은 예로부터 막국수가 유명한 지역이다. 새말나들목 근처의 빨간 기와집인 우천막국수(033-342-6472)가 괜찮고, 축협횡성한우프라자 새말점(033-342-6680)에서는 질 좋은 한우를 저렴한 가격에 맛볼 수 있다.

마천대 정상에서는 산그리메가 유감없이 펼쳐진다. 왼쪽 멀리 아스라이 펼쳐진 산줄기가 덕유산이고, 오른쪽 멀리 솟은 산은 운장산이다.

구름바다 위에 펼쳐진
산그리메

완주 대둔산 구름다리

산북리 ▶ 구름다리 ▶ 마천대 ▶ 칠성봉전망대 ▶ 산북리

산 좋아하는 사람치고 '산그리메'란 말을 모르는 이가 있을까. 산그리메는 주로 아침 햇빛 속에서 산이 중첩되어 아스라이 펼쳐지는 모습을 말한다. 마치 수묵화처럼 능선의 오묘한 선과 농담, 때론 안개와 구름 등이 어울리는 그야말로 환상적인 풍경이다. 그런데 이 단어는 사전에 나오지 않는다. 아마도 송수권의 〈산문에 기대어〉란 시의 "누이야 가을산 그리메에 빠진 눈썹 두어 낱을 지금도 살아서 보는가…" 하는 구절에서 처음 나온 것으로 보인다. 여기서 그리메는 그림자의 옛말이지만, 산꾼들은 산이 첩첩 펼쳐지는 모습으로 상상한 것 같다. 그리고 보면 참으로 적절한 말이 아닐 수 없다. 일반적으로 산그리메는 지리산과 덕유산처럼 큰산이 아니면 보기 어렵지만, 늦가을에 비교적 쉽게 볼 수 있는 곳이 대둔산(878.9m)이다.

'호남의 금강산', 대둔산

전북 완주, 충남 논산과 금산에 자리잡은 대둔산은 예로부터 '호남의 금강산'으로 불렸고 신라의 원효대사는 '사흘을 둘러보고도 발이 떨어지지 않는 산'이라고 했다. 기암단애가 절경을 이루는 대둔산의 강건한 기상은 권율장군이 1,000명의 군사로 왜군 1만 명을 격퇴시킨 이치(지금의 배티재)전투의 밑거름이 되었다. 대둔산의 제1경은 암봉들과 어울린 오색 단풍을 꼽지만, 그보다 더 멋진 장면은 구름바다 위에 떠오른 산 그리메다. 대둔산 일대는 지형적으로 안개와 구름이 끼기 쉽고 특히 늦가을 기온차가 클 때 자주 일어난다. 산행은 완주 산북리에서 구름다리와 삼선계단을 거쳐

대둔산의 상징인 구름다리 일대가 단풍으로 물들었다. 가운데 높은 봉우리가 마천대이고, 그 아래 삼선교가 보인다.

정상에 올랐다가 칠성봉 전망대를 거쳐 용문골로 내려오는 원점회귀 코스가 대둔산의 핵심적 아름다움을 두루 꿰는 고전이다. 대둔산의 길은 거칠지만 산 중턱까지 케이블카가 놓여 남녀노소 쉽게 찾을 수 있다.

대전에서 탄 버스가 안갯속을 헤엄쳐 배티재를 넘자 스멀스멀 연기가 풀리면서 대둔산이 나타났다. 영락없이 신기루 속에 솟아난 마법의 성이다. 주차장에서 식당 거리를 지나면 케이블카 정류장. 안개가 낀 날이면 되도록 아침 일찍 출발하는 케이블카를 타는 게 좋다. 아래 세상은 안개에 잠겨 깨어날 줄 모르지만, 산 위에서 보면 구름바다가 펼쳐지기 때문이다. 케이블카는 정상인 마천대를 바라보며 올라가는데, 시나브로 고도를 올리는 것이 마치 나무들을 부드럽게 밟고 올라가는 느낌이다. 무심코 반대편을 돌아보다가 탄성이 흘러나왔다. 아래 세상은 온통 구름바다다. 케이블카에서 내리자마자 정류장 2층의 정자에 올라 조망을 굽어본다. 빽빽한 구름바다 위로 아침 햇살이 쏟아지고 역광 속에서 산그리메가 물결친다. 정자에서 가파른 철계단을 오르면 구름다리라 불리는 금강현수교. 이 다리는 1985년 50m 길이, 높이 80m로 세워졌다. 그 이전에는 보기에도 아찔한 출렁다리였다고 한다.

암봉과 암봉 사이에 걸려 중간쯤에서 내려다보면 다리가 후들후들 떨린다. 다리를 건너면 수직의 철계단인 삼선계단이 이어진다. 이 계단은 한 사람이 겨우 지나갈 수 있는 폭으로 암벽 등반의 짜릿한 맛을 느낄 수 있다. 중간에 멈춰 뒤돌아보면 지나온 구름다리와 산북리가 수직으로 내려다보이고 멀리는 온통 구름바다다. 마치 신선의 세계에서 인간 세상을 굽어보는 느낌이다. 푹신푹신한 구름침대에 드러누워 긴 잠을 자고 싶다.

마천대에서 바라본 덕유산의 감동적인 산그리메

"뭐해요. 빨리 정상에 가봐요. 반대편까지 훤히 잘 보여." 풍경에 넋이 나가 굼뜬 필자에게 중년 사내가 내려오며 핀잔을 준다. 그제야 화들짝 정신이 들어 서둘러 발걸음을 재촉한다. 15분쯤 가파른 돌계단을 오르

칠성봉 암봉의 수려한 단풍. 뒤로 작은 산들이 어울려 장관을 이룬다.

대둔산의 명물 케이블카

자 능선 삼거리에 올라붙고 이어 마천대 정상에 다다른다. 비로소 반대편을 비롯해 시원한 조망이 드러난다. 북쪽으로 계룡산이 손에 잡힐 듯 펼쳐지고, 동쪽으로 서대산이 풍경에 중심을 잡아준다. 특히 남쪽으로 산그리메의 전형적인 풍경이 나타나는데, 구름바다 위로 크고 작은 능선들이 물결 치고 멀리 웅장한 덕유산 줄기가 아스라이 펼쳐진다. 달리 표현할 말이 떠오르지 않으니 가슴이 터질 것 같다.

대둔산의 정상인 마천대(摩天臺)는 원효대사가 '하늘과 맞닿은 곳'이라는 뜻으로 그 이름을 붙였다. 높이는 900m가 안 되지만 체감 높이는 이름처럼 하늘에 닿아 있다. 여기에는 무려 높이 10m의 개척탑이 우뚝하지만 주변 풍경과 영 어울리지 않는다. 다른 산처럼 작은 정상 비석을 세웠으면 좋았겠다.

정상에서 용문골 삼거리까지는 순한 능선길이다. 제아무리 험한 바위들이 직립했더라도 부드러운 능선이 있는 법이다. 용문골 하산로는 험한 돌길이다. 중간중간 쉬며 서두르지 않는 것이 안전산행의 지름길이다. 400m쯤 내려와 삼거리에서 용문굴을 지나면 칠성봉전망대다. 웅장한 일곱 개의 석봉이 이어진 칠성봉의 모습은 설악산 울산바위를 떠오르게 한다. 다시 삼거리에서 장군봉을 우회하는 길을 따르면 케이블카 정류장에 닿으며 산행이 마무리된다.

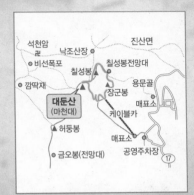

산길 친구

대둔산은 케이블카를 이용하면 쉽게 정상에 다녀올 수 있다. 산북리에서 케이블카를 타지 않고 걸으면 상부 정류장까지 1시간쯤 걸린다.

지도 안의 지명:
석천암 / 낙조산장 / 진산면 / 비선폭포 / 칠성봉전망대 / 칠성봉 / 용문골 / 깜딱재 / 장군봉 / 매표소 / **대둔산 (마천대)** / 케이블카 / 허둥봉 / 매표소 / 공영주차장 / 금오봉(전망대) / 17

가는 길과 맛집
전라북도 완주군 운주면 산북리

교통
대전과 금산에서 대둔산행 버스가 다닌다. 대전 서부시외버스터미널(042-584-1615)에서 대둔산행 버스는 07:45 13:20 17:30, 대전 동부시외버스터미널(042-584-4451)에서 10:35, 금산터미널에서는 08:30 11:10 12:30 13:10 15:40 16:40에 있다. 대둔산 버스터미널 063-262-1260.

맛집
금산의 별미는 어죽과 추어탕, 인삼튀김이다. 저곡리의 저곡식당(041-752-7350)은 인삼어죽으로 유명한 곳. 비린내가 전혀 없고 인삼을 넣어 뒷맛이 쌉쌀하다. 인삼어죽 5,000원. 금산터미널 근처의 한양식당(041-754-6464)은 추어탕을 잘한다.

주왕산의 상징인 기암이 대전사 보광전 위로 불끈 솟아 있다.

주왕의 전설 굽이굽이 서린 기암 천국

청송 주왕산 주방계곡

대전사 ▶ 3폭포 ▶ 내원동 ▶ 대전사

산행 도우미

▶ **걷는 거리** : 약 8km
▶ **걷는 시간** : 3시간 30분~4시간
▶ **코   스** : 대전사~1, 2, 3폭포~
　　　　　　　내원동~대전사
▶ **난 이 도** : 쉬워요
▶ **좋 을 때** : 가을에 좋아요

경북 내륙의 오지인 청송이 시끌벅적할 때가 있다. 차가 뜸한 시내에 관광버스가 줄을 잇고, 청송에서 방 구하기는 하늘에 별따기처럼 어려워진다. 주왕산이 단풍 절정기인 10월 25일경이다. 이때는 우리나라 단풍의 흐름으로 보아 설악산은 절정이 지났고 내장산은 좀 이른 시기로 주왕산이 그 가운데를 자리잡은 셈이다. 주왕산은 예전 석병산이란 이름처럼 걸출한 암봉들과 어울린 단풍이 빼어나고 산길이 순해 인기가 좋다.

고운 단풍 빛이 내려앉은 주방계곡

세 개의 폭포와 단풍이 어우러진 주방계곡

　　주왕산은 구석구석 좋은 곳이 많다. 기암괴석들이 즐비한 주방
계곡과 절골, 전망 좋은 장군봉과 가메봉, 그리고 100년 묵은 왕버들이 잠
겨 있는 주산지 등등. 볼거리가 많다 보니 하루 산행으로 주왕산을 둘러보
는 것은 거의 불가능하다. 그래도 주왕산의 아름다움을 대표하는 곳을 하
나 꼽으라면 단연코 주방계곡이다. 대전사에서 내원동까지 이어진 계곡은
수려한 암봉 사이를 이리저리 휘돌아가며 단풍과 어울린 절경을 선사한다.
주차장에서 대전사로 가는 길은 난전 분위기가 물씬 난다. 인근 농가의 아
낙들이 자리를 잡고 사과, 대추, 고추, 산수유 등을 내놓고 식당들은 길가
에서 빈대떡을 요란하게 뒤집는다. "이따가 와요. 맛있게 해줄게." 호객하
는 아주머니 말을 못 들은 척하고 가노라면 어느덧 대전사. 보광전 뒤로 우
뚝 솟은 기암은 주왕산의 상징으로 산행 초입부터 사람들의 마음을 홀라

당 빼앗는다. 생김새는 멧 산(山) 자의 모양에 45m 높이의 봉우리가 살며시 홍조를 머금고 있다. 기암 (旗岩)은 기이한 바위가 아니라 깃발을 꽂은 봉우리 란 뜻이다.

주왕산은 특이하게도 중국에서 왔다는 주왕의 전설이 굽이굽이 서려 있다. 주왕은 중국 당나라 때 진나라를 재건하기 위해 반역을 일으켰던 주도로 알려졌다. 거사에 실패한 주도는 신라 땅까지 쫓겨 왔고, 당나라의 요청을 받은 신라의 마장군 형제들에 의해 주왕굴에서 최후를 마쳤다. 토벌에 성공한 마장군은 주왕산에서 가장 잘 보이는 암봉에 깃발을 꽂았다고 한다. 그래서 기암이란 이름이 붙은 것이다. (최근에 주왕이란 인물에 대한 흥미로운 해석이 나왔다. 청송의 향토사학자 김규봉씨는 주왕은 신라 헌덕왕 때 왕권의 잦은 교체로 사회가 혼란스럽던 와중에 반란을 일으킨 김헌창과 그의 아들 김범문이라고 주장한다.)

대전사를 지나면 갈림길, 왼쪽으로 좀 가면 백련암 앞에 화사한 국화밭이 있어 그윽한 향기를 맡으며 기암을 올려다보는 맛이 기막히다. 백련암을 구경하고 다시 주방계곡을 따르면 본격적으로 깊은 골짜기로 들어가는 느낌이다. 아들바위를 지나 제1팔각정에서 주왕굴로 가는 갈림길이 나온다. 올라갈 때는 계곡을 따르고 내려올 때 주왕굴을 들르는 것이 좋다. 여기서부터는 거인 얼굴 모양의 기암(奇巖)들의 영접을 받는다. 먼저 급수대가 오른쪽에서 고개를 쳐들고, 다음은 시루봉과 학소대가 차례로 얼굴을 내민다. 급수대가 험상궂다면 시루봉은 인자한 할아버지 얼굴이다.

학소대 앞의 다리를 건너면 길은 거대한 협곡 사이로 들어가는데, 꼭 비밀의 세계로 통하는 문 같다. 쿵쿵거리는 마음을 진정하며 협곡으로 들어서면 화려한 단풍이 병풍처럼 둘러싼 암봉을 물들이고 그 아래 1폭포가 걸렸다. 어느 무릉도원이 이보다 화려할까. 폭포를 지나 500m쯤 가면 2폭포 갈림길. 여기서 100m쯤 떨어진 2폭포를 구경하고 다시 계곡을 따르면 3폭포에 이른다. 3폭포는 3단 폭포로 주방계곡의 폭포 중에서 가장 규모가 크고 화려하다. 가을 가뭄 때문에 물줄기가 좀 약한 것이 흠이다.

내원동 오지마을에는 쓸쓸한 억새의 물결이

주방계곡을 지키는 거인 시루봉.

3폭포를 지나면 협곡이 끝나면서 길은 평지로 이어진다. 안으로 들어갈수록 이상하게 넓어진다. 세 그루 서어나무가 기품 있게 서 있는 곳에 '내원동'이란 팻말이 보인다. 걸음을 재촉하니 돌무더기 가득한 서낭당이 보인다. 내원동은 몇 년 전만 해도 전기가 들어오지 않는 오지마을로 유명했지만, 지금은 모두 떠나고 한 집만 남았다. 국립공원에서 생태보전을 위해 내원동 주민들을 아랫마을로 내려 보냈기 때문이다. 내원동 사람들은 서낭당을 오가며 무슨 소원을 빌었을까. 대대로 사람들이 살았던 자리여서 그런지 따뜻한 온기가 느껴진다.

성황당을 지나면 예전에 집들이 드문드문 있었던 자리에 드넓은 억새밭이 펼쳐진다. 길은 계곡과 억새밭 사이를 구불구불 이어지다 산수유 농장을 만난다. 내원동에 마지막 남은 집으로 등산객들에게 산수유차를 팔고 있다. 마침 할머니와 손자가 산수유를 고르고 있다. "이젠 우리 집도 내려가야 해요. 참 좋은 곳인데…." 주방계곡 산행은 여기까지다. 할머니의 쓸쓸한 말처럼 하산의 발걸음이 쉬 떨어지지 않는다.

주방계곡은 대전사에서 내원동까지 이어진다. 왕복 거리는 약 8km쯤 되지만 길이 순해 3시간 30분이면 충분하다. 좀 더 주왕산을 즐기고 싶으면 절골과 주방계곡을 모두 둘러보는 코스가 좋다. 절골~가메봉~내원동~주방계곡~대전사 약 14km, 7시간쯤 걸린다.

지도:
청송군
두수람
금은광네거리
내원마을
큰골
광암사
시루봉
무장굴
학소대
가메봉
상의
매표소
주왕굴
공원관리사무소
주왕산

가는 길과 맛집
경상북도 청송군 부동면 상의리

교통
자가용은 중부내륙고속도로 서안동 나들목으로 나와 안동과 청송을 거친다. 동서울종합터미널(1688-5979)에서 주왕산행 버스는 06:20 08:40 10:20 11:40 15:00 16:30에 있으며 4시간 30분 걸린다. 주왕산에서 동서울행은 08:20 10:30 13:00 14:08 15:48 17:05에 있다.

맛집
주방계곡의 터주대감 격인 명일여관식당(054-873-5259)의 산채정식이 유명하고, 내원동에서 오랫동안 내원산장을 운영했던 부부가 문을 연 내원산장식당(054-873-3798)의 약수 한방백숙도 괜찮다. 또한 월외리 달기약수 근처에는 약수로 백숙을 하는 집들이 몰려 있다.

하늘거리는 억새는 파란 하늘과 어울려야 제맛이다. 멀리 화왕산성을 걷는 산꾼들이 보이고, 오른쪽 돌비석은 창녕조씨 득성비다.

'불뫼'가 내뿜는
하얀 억새들의 향연

창녕 화왕산성

자하골 ▶ 서문 ▶ 배바우 ▶ 정상 ▶ 자하골

산행 도우미
- ▶ **걷는 거리** : 약 5㎞
- ▶ **걷는 시간** : 3~4시간
- ▶ **코   스** : 자하골~서문~배바우
  ~정상~자하골
- ▶ **난 이 도** : 무난해요
- ▶ **좋을 때** : 진달래 피는 봄,
  억새 피는 가을에
  좋아요

가을은 인정 많은 나그네다. 인간 세상에 잠시 머물던 가을은 농부에게 풍요로운 곡식을 안기고, 산꾼에게는 단풍과 억새를 선물하고 떠난다. 단풍은 지역에 따라 절정인 시기가 다르지만, 억새는 대개 비슷하다. 흔히 억새는 늦가을이 제철이라 생각하지만, 10월 중순이면 절정을 맞는다. 단풍은 그 화려함으로 사람의 마음을 환하게 때론 들뜨게 하지만 억새는 차분하게 가라앉혀 성찰의 시간을 갖게 한다. 국내에 내로라하는 억새 명산 중에서 산행이 쉽고, 풍광이 빼어난 곳이 창녕 화왕산이다. 2009년 2월 억새태우기 행사 도중 사고가 일어나 산이 흉흉해졌지만, 가을이 오자 화왕산은 예전의 아름다운 모습으로 돌아왔다.

정상 직전에서 본 화왕산성 가운데
봉우리가 관룡산이고 멀리 영남
알프스의 산들이 일렁거린다.

'화왕산에 큰 불이 나야 이 풍년이 든다'

　　"메기가 하품만 해도 물이 넘친다"는 우포늪의 고장 창녕은 낙동
강을 서쪽에 끼고 있어 예로부터 홍수 피해가 컸다. 그래서 이곳 사람들은
풍수지리설에 따라 낙동강의 기운을 누르고자 고을을 감싸는 진산의 이름
을 화왕산, 곧 '불뫼'라고 불렀다. 창녕에서는 화왕산에 큰 불이 나야 이듬
해 풍년이 들고 모든 군민이 평안하며 재앙이 물러간다고 한다. 화왕산 억
새밭 태우기는 이러한 배경에서 자연스럽게 나온 것이다.

화왕산의 산세는 참으로 독특하다. 창녕 시내에서 보면 산 전체가 철갑옷
을 두른 듯 험상궂다. 바위와 소나무들이 바늘처럼 돋아나 다가서기가 꺼
려질 정도다. 하지만 정상부는 마치 먼 옛날 운석 충돌이 일어난 듯 사발
모양으로 움푹 파였고, 약 0.2㎢(5만 6,000여 평)의 광활한 면적이 온통 억
새로 뒤덮여 있다. 이러한 천혜의 산세 덕분에 가야 시대부터 화왕산성

이 세워졌고, 임진왜란 때에 홍의장군 곽재우는 산성을 효과적으로 이용해 왜군을 물리쳤다고 한다.

화왕산 산행은 정상으로 오르는 최단 코스인 자하골을 타고 산성 서문으로 오른 후에 느긋하게 산성을 한 바퀴 도는 길이 좋다. '불뫼'의 곡대기에서 '흰 불꽃'처럼 출렁거리는 억새의 물결에 잠겨본다면 곧 떠나갈 가을을 미련 없이 떠나보낼 수 있겠다.

자하곡 주차장에서 화왕산장을 지나 삼림욕장에 이르면 길이 세 갈래다. 길이 험한 전망대길(제1등산로)을 제외하고 계단길(제2등산로)로 올라 도성암길(제3등산로)로 내려오면 된다.

삼림욕장을 지나면 계단의 연속, 급경사 길을 바라보면 한숨만 나오기 마련이다. 그럴 때는 앞쪽 멀리 산비탈에 튀어나온 바위들을 구경하고, 뒤를 돌아봐 창녕 시내를 바라보는 것이 좋다. 돌계단과 나무계단을 번갈아 밟으며 1시간쯤 지나면 기어코 산성 서문이 눈에 들어온다. 계단길 마지막 근처를 환장고개라 부르는데, 환장할 정도로 힘든 것은 아니다. 서문 이정표 앞에 올라서면 '휙~' 불어오는 바람이 얼굴을 때리고, '와~' 탄성이 터져 나온다. 광활한 억새밭이 솜사탕처럼 부풀어 올랐다. 기분 좋게 머리칼을 쓸어주는 바람에 몸을 맡기며 오른쪽 배바위 방향으로 발걸음을 옮긴다. 앞선 사람들이 출렁거리는 억새 물결 따라 사라졌다가 다시 나타나기를 반복하더니 불쑥 옹골찬 바윗덩어리들이 머리를 내민다. 천지개벽 때 배를 묶었다는 전설을 간직한 배바위다. 2009년 2월 사고에서 가장 많은 사람들이 희생된 곳이다. 바위에 올라 잠시 묵념으로 희생자들의 극락왕생을 빌고, 산성 조망을 마음껏 즐긴다. 건너편 뿔처럼 솟은 정상과 오른쪽 펑퍼짐한 봉우리 사이로 비슬산(1,084m)이 머리를 내밀면서 우아한 곡선미를 자랑한다.

동문과 서문이 연결되는 오솔길은 하얀 억새 물결이 장관이다. 화왕산 억새밭은 억새와 푸른 풀이 뒤섞여 신비로운 분위기를 연출한다.

억새 춤사위 너머 아스라이 펼쳐지는 영남알프스

배바우에서 내려오면서 나무 한 그루가 우뚝한 남문. 이곳에 창녕조씨 득성(昌寧曺氏 得姓) 설화를 간직한 삼지(三池)가 있는데, 신라 진평왕 때 태사공 조계룡(창녕조씨 시조)이 연못에서 태어났다는 전설이 있다. 남문에서 동문은 지척이고, 동문 밖으로 이어진 길은 드라마 〈허준〉 세트장을 거쳐 관룡산으로 이어진다. 동문에서 제법 가파른 산성길을 따르면 화왕산과 관룡산이 이어진 능선으로 올라붙는다. 여기부터 정상까지가 진달래 능선이다. 봄철이면 화왕산의 가장 화려한 진달래 군락을 볼 수 있다. 서걱거리는 억새에 묻혀 15분쯤 나아가면 정상 직전의 작은 봉우리. 뒤돌아서면 배바우 못지않은 전망이 펼쳐진다. 쏟아지는 날카로운 햇빛에 억새들은 몸이 타들어가는 듯 아우성을 지르고, 그 흔들림 너머로 관룡산(740m)과 멀리 밀양의 영남알프스 스카이라인이 아스라이 펼쳐진다.

정상에서는 창녕 시내와 저무는 빛을 퉁겨내는 우포늪을 감상하면서 산성 한 바퀴를 마무리한다. 하산은 서문으로 내려서지 말고, 정상에서 곧장 능선을 탄다. 솔숲을 10분쯤 내려가면 길이 완만한 내리막으로 이어지면서 도성암을 거쳐 자하곡 삼림욕장에 닿는다.

산길 친구

화왕산의 가장 쉬운 길이 자하골 들머리로 정상 일대 화왕산성을 둘러보는 코스다. 좀 더 산행을 즐기고 싶으면 관룡산~화왕산 종주 코스가 좋다. 관룡사~용선대~관룡산~동문~화왕산 정상~자하골 코스는 약 8 km, 5시간쯤 걷는다.

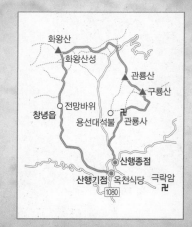

가는 길과 맛집
경남 창녕군 창녕읍 옥천리

교통
자가용은 중부내륙고속도로를 타고 창녕 나들목으로 나온다. 10분 거리에 화왕산 자하골 입구가 있다. 서울남부터미널(02-521-8550)에서 창녕행 버스가 09:45 11:20 14:45 16:00 17:05, 하루 5회 운행한다. 수도권에서 당일치기로 다녀오려면 서울역에서 06:00 동대구행 KTX를 이용하고, 대구서부정류장(1688-2824)에서 창녕행 버스를 타면 된다. 창녕에서 등산로 입구까지 30분쯤 걷거나 택시를 이용한다.

맛집
부곡온천 가는 길의 전통음식점 도리원(055-521-6116)은 대나무통밥과 제철 장아찌가 일품인 곳이다.

우리나라의 단풍은 설악산에 시작해 내장산에서 절정을 맞는다. 내장사 단풍터널은 눈이 멀 정도로 화려하다.

네 안에 간직한 것은
무엇인가?

정읍 내장산 원적계곡

일주문 ▶ 내장사 ▶ 원적계곡 ▶ 벽련암 ▶ 일주문

설악산에서 시작된 단풍은 내장산에서 절정을 맞는다. 우리 땅의 단풍 기상도는 늘 그렇다. 단풍의 남하 속도는 하루 25km, 시속 1km의 거북이걸음으로 울긋불긋 떼 지어 내려온다. 날이 쌀쌀해지면 단풍의 발걸음은 토끼걸음으로 바뀐다. 그래서 가을은 문득 왔다가 쏜살같이 사라진다. 내장산 단풍 소식이 들릴 무렵, 사람들은 불현듯 가을이 얼마 남지 않았음을 깨닫는다. 서둘러 단풍 구경에 나서면서 내장산은 몰려든 사람들로 홍역을 치른다. 내장산이 없었다면 단풍 구경 제대로 못하고 겨울을 맞을 사람이 얼마나 많을까.

전쟁의 화마에서 조선왕조실록을 지켜낸 내장산

내장산은 몰려든 인파에 휩쓸려 허둥지둥 단풍 구경하고 돌아서기에는 아까운 산이다. 내장(內藏)은 '밖으로 드러나지 않게 안으로 간직한다'는 뜻이고, 내장사의 옛 이름이 '신령을 숨기고 있다'는 영은사(靈隱寺)이니 예나 지금이나 '숨기고 감추어 간직하는' 뜻만은 변함없다.

산세는 내장 9봉이라 일컫는 아홉 개의 봉우리가 말발굽형으로 안을 둘러싸고 있다. 이처럼 안으로 감춘 산세는 임진왜란 때에 우리의 세계문화유산을 지켜낸 혁혁한 공을 세우기도 했다. 정읍의 안의와 손홍록 두 선비가 '조선왕조실록 825권 830책과 고려사 등의 기타 전적 538책'을 내장산으로 옮겨 지켜낸 것이다. 당시 다른 사고에 보관하던 실록은 모두 잿더미가 되었다.

내장산 산행은 추령에서 시작해 내장 9봉을 종주하는 산길을 으뜸으로 꼽지만, 단풍구경을 하기에는 내장사에서 원적계곡을 거쳐 벽련암까지 작은 원을 그리는 코스가 아주 좋다. 산길은 그 유명한 108그루 단풍터널 입구인 내장사 일주문에서 시작한다. 하늘도 땅도 사람들도 온통 붉은빛으로 물드는 길에 서면 저절로 함박웃음이 지어진다. 연두색, 초록색, 붉은색, 흰색으로 계절마다 옷을 갈아입는 이 길을 걸으며 얼마나 많은 사람들이 행복했을까. 어쩌면 사람들의 웃음과 행복을 구경한 단풍나무들이 더 행복했을지도 모른다. 이곳 단풍나무는 100여 년 전, 내장사 스님들은 깊은 골에 자라는 단풍나무를 캐어다가 백팔번뇌를 모두 벗어나라는 상징적인 의미에서 108그루를 심었다고 한다.

느리게 걸어 다다른 내장사. 절 마당에 서면 왠지 마음이 따뜻해진다. 사방을 둘러보니 내장 9봉이 커다란 원을 그리며 둘러싸고 있다. 이 자리에 내장산 아홉 봉우리의 정기가 모인다고 한다. 정혜루 앞에서 오른쪽 길을 택해 원적계곡으로 들어서면 호젓한 숲길이 이어진다. 북적거리던 내장사와 달리 사람들이 뜸해서 좋다. 원적암 입구에서 돌계단을 오르면서 왼쪽에 자리한 모과나무를 유심히 봐야 한다. 300살이 넘은 우락부락한 풍치가 예사롭지 않다. 그런데 자세히 보면 나무줄기에 손가락만한 단풍나무 한 그루가 자랐고, 기특하게도 붉은 단풍잎을 매달았다.

원적암을 지나면 600년 묵은 우람한 비자나무가 앞을 막는다. 내장산은 단풍 말고도 남방계 식물과 북방계 식물들이 어우러지기에 생태적으로 중요한 의미를 갖는다. 특히 천연기념물인 비자나무는 더 이상 북쪽으로 뻗어가지 못하고 이곳에 떼지어 모여 사는 북방한계 군락지를 형성한다. 이제 길은 평지처럼 순한 산비탈을 타고 돌다가 너덜지대를 만나는데, 이곳을 '사랑의 다리'라고 부른다. 연인을 업고 소리내지 않고 지나면 아들을 얻는다는 속설이 얽힌 곳이다.

내장산의 또 하나의 자랑인 600년 묵은 비자나무 군락지

내장사 정혜루 앞의 화려한 단풍빛

제비 둥지의 명당 벽련암

너덜겅을 가만히 밟아보지만 덜컥! 돌 사이에 틈이 있어 소리가
안 날 수 없다. 이곳을 지나면 옛 내장사 자리였다는 벽련암. 암자 뒤로
힘차게 솟은 서래봉 암봉의 기상이 웅혼해 저절로 주먹에 힘이 들어간다.
내장산의 최고봉은 신선봉(763m)이지만, 그 형세나 기상으로 보아 서래봉
(624m)이 주봉 역할을 한다. 암자 마당에서 스님이 건네주는 녹차를 '벽련
선원' 현판이 적힌 누각에 올라 조망을 즐기며 마신다. 건너편으로 장군봉
에서 연자봉으로 이어진 주릉과 연자봉에서 내려와 전망대가 세워진 문필
봉으로 흘러내리는 지릉이 눈에 들어온다. 저 산세를 풍수지리에서는 제
비가 모이를 먹는 형국이라 한다. 문필봉이 제비머리, 양 날개가 장군봉
과 신선봉에 해당한다. 연소(燕巢), 즉 제비 둥지에서 새끼가 모이를 받아먹
는 자리가 바로 벽련암이다.

벽련암을 나와 백년수 약수로 달아오른 몸을 식히고 내려오면 내장사 일
주문이다. 여기서 다시 단풍터널을 한동안 서성거린다. 내장산을 한 바퀴
돌아보니 화두처럼 질문 하나가 자라나고 있다. 내장산처럼 내 안에 간직
해야 할 것은 무엇일까?

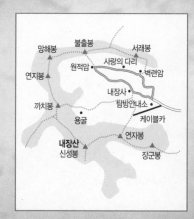

산길 친구

작은 원을 그리며 내장산 단풍을 만끽하는 원적계곡 코스는 일주문~내장사~원적계곡~벽련암~일주문으로 이어지고, 넉넉하게 2시간쯤 걸린다. 산꾼들에게 인기 있는 내장 9봉 종주 코스는 추령~신선봉~서래봉~벽련사~일주문 약 12㎞, 8시간쯤 걸린다.

가는 길과 맛집
전라북도 정읍시 내장동

교통
자가용은 호남고속도로 정읍 나들목으로 나와 29번 국도를 타고 15분쯤 간다. 대중교통은 서울센트럴시티터미널(02-6282-0114)에서 정읍행 버스가 06:30~23:00까지 1시간 간격으로 다닌다. 정읍에서 내장산행 시내버스 171번은 정읍역과 터미널 앞에서 30분 간격으로 운행한다.

맛집
내장산은 30가지 반찬이 나오는 산채정식이 유명한데, 30년 전통의 한일관(063-538-8981)의 맛이 정평이 나 있다. 정읍 시내에 한정식집 '정촌'(063-537-7900)은 1만 원의 비교적 저렴한 가격으로 남도 밥상을 만끽할 수 있다.

천마봉에서 바라본 도솔암 마애불. 마애불 위로 내원궁이 앉아 있다.

가을 선운사에
가신 적이 있나요?

고창 선운산 도솔계곡

선운사 ▶ 도솔암 ▶ 용문굴 ▶ 천마봉 ▶ 선운사

산행 도우미
▶ 걷는 거리 : 약 4.7km
▶ 걷는 시간 : 3~4시간
▶ 코   스 : 선운사~도솔암~
              용문굴~천마봉~
              선운사
▶ 난 이 도 : 쉬워요
▶ 좋을 때 : 봄, 가을에 좋아요

선운산(336m)은 거대한 배다. 능선의 배맨바위가 일러주듯 예전에는 인천강을 따라 선운사까지 바닷물이 들어왔었다. 이 배의 선장은 도솔천의 미륵불이며 중생들과 함께 불도를 닦으며 때를 기다리고 있다. 현재 미륵불은 도솔암 바위에 새겨져 있지만, 때가 되면 돌을 깨뜨리고 나와 부처의 바다로 중생을 인도할 것이다. 선운산은 낮지만 품이 깊고 둥글둥글한 바위들이 어울려 풍광이 빼어나다. 봄 동백, 초가을 꽃무릇, 가을 단풍, 겨울 설경 등 변화무쌍한 자연의 아름다움과 불교의 미륵 신앙이 결합해 독특한 매력을 간직하고 있다.

선운사 동백꽃보다 한 수 높은 도솔계곡의 단풍

　　　선운산은 선운사 동백꽃으로 더 유명하다. 일찍이 미당 서정주
가 〈선운산 동구〉에서 시든 동백의 안타까운 몸짓을 막걸릿집 여자에게 절
묘하게 투영시켰고, 최영미 시인은 〈선운사에서〉란 시에서 "꽃은 피는 건
힘들어도 지는 건 잠깐이더군… 그대가 처음 내 속에 피어날 때처럼 잊는
것 또한 그렇게 순간이면 좋겠네"라며 이별의 아픔을 애틋한 감성으로 표
현하기도 했다. 게다가 "선운사에 가신 적이 있나요~" 하는 송창식의 감
미로운 노래는 선운사 동백꽃을 널리 알리는데 혁혁한 공을 세우기도 했
다. 하지만 선운사는 동백꽃 피는 봄철보다 가을철 풍광이 한 수 높은 곳
이다. 특히 선운사 담벼락을 따라 이어진 도솔계곡에 반영된 오묘한 단풍
빛깔은 어느 곳에서도 보기 어려운 진풍경을 연출한다.

산행은 도솔계곡을 따라 도솔암 마애불을 찍고 낙조대와 천마봉을 거쳐
도솔암으로 내려오는 코스가 전설과 역사가 어우러진 선운산 최고의 산길
이다. 주차장에서 진입로를 따르면 '도솔산 선운사'라고 쓰인 일주문에 닿
는다. 도솔산(兜率山)은 선운산의 옛 이름으로 미륵불이 사는 정토를 말한
다. 선운사는 호남 미륵신앙의 중심 도량이었다. 선운은 '구름 속에서 참
선한다'는 멋진 말이지만, 도솔이란 이름을 알아야 선운산의 깊은 맛을 제
대로 느낄 수 있다.

일주문을 지나면 오른쪽에 자리한 부도 밭의 백파선사 비석을 구경하는 것
이 순서다. 비석은 2006년 선운사 박물관으로 옮겼기에 모조 비석으로 만
족해야 한다. 비석 뒷면에는 "가난하여 송곳을 꽂을 땅도 없었으나 그 기
운은 수미산을 덮을 만하도다…"는 추사의 붓글씨가 새겨져 있다. 다시 길
을 나서면 단풍나무 고목들이 가로수처럼 버티고 있다. 세월의 무게만큼
기괴하게 몸을 뒤튼 단풍 고목은 경이롭다. 길은 도솔계곡과 절의 담장 사
이로 이어지는데, 온통 붉은빛으로 충만하다. 계곡의 단풍나무들은 유독
붉은 빛을 내뿜고 계곡물에 비쳐 일렁거리는 그림자는 오묘하기 그지없다.
가히 내장사 108그루 단풍나무 터널이 부럽지 않다.

선운사 담벼락을 따라 이어진 도솔계곡은 계류에 비친 단풍빛이 오묘한 곳이다.

황홀한 길은 절의 사천왕문 앞인 극락교까지 이어진다. 극락교 위에는 아마추어 사진작가들이 진을 치고 앉아 떠나는 가을을 붙잡느라 안간힘을 쓴다. 선운사를 둘러보고 다시 계곡을 따르면 왼쪽으로 널찍한 차밭이 펼쳐지고 길은 젖먹이처럼 산의 속살을 파고든다. 도솔암까지는 거의 평지에 가까워 옆 사람과 나란히 도란도란 이야기하며 걷기에 좋다. 진흥왕이 말년에 왕위를 버리고 수행했다는 진흥굴과 600년쯤 묵은 소나무 장사송(長沙松, 천연기념물 제354호)을 지나면 도솔암이다. 이곳의 명물은 크기가 15m에 이르는 거대한 미륵상 마애불이다. 미륵불은 석가모니 이후에 중생을 구제할 미래의 부처를 말한다.

도솔암 마애불 배꼽에 숨겨진 비결

시원한 조망을 선사하는 천마봉

불상의 배꼽에는 선운사를 창건한 검단선사가 봉해놓은 신비스러운 비결이 하나 숨겨졌는데, 그것이 세상에 출현하는 날에는 한양이 망한다는 흥미로운 전설이 내려온다. 또한 그곳에는 그 비결과 함께 벼락살을 동봉해 놓았기 때문에 누구든지 그 비결을 꺼내려고 손을 대면 벼락을 맞아 죽는다고 했다. 실제로 전라감사 이서구가 그것을 꺼내다가 벼락이 쳐 도로 봉해 버린 사건이 있었다. 그 후 세상 사람들은 미륵불의 전설을 철석같이 믿게 되었다. 하지만 비결은 1893년 가을 동학접주 손화중에 의해 꺼내지고, 다음 해에 동학농민혁명의 불길이 전라도를 휩쓸게 된다. 비결의 개봉이 세상을 개벽하려는 농민들의 의식을 깨우는데 일조했던 것이다.

마애불을 지나 용문굴을 통과하면 낙조대가 나오는데, 드라마 〈대장금〉의 최상궁이 자살했던 바위라는 팻말이 서 있다. 낙조대에 서니 과연 아스라이 서해가 펼쳐진다. 낙조대에서 천마봉은 지척이다. 천마봉에서 내려다본 마애불과 도솔암, 그리고 도솔계곡의 울긋불긋한 풍경은 선운산의 제1경이라 해도 과언이 아니다. 험상궂었던 마애불이 장난감처럼 작고 귀엽게 보이고, 그 머리 위에는 내원궁이란 작은 암자가 자리잡고 있다. 즉, 내원궁은 도솔천의 천상세계를 상징하고 마애불은 미륵하생의 지상낙원을 의미하는 것이다. 하산은 도솔암으로 직접 내려서는 길을 따른다. 나무계단을 따라 줄곧 마애불을 바라보며 내려오면 다시 도솔암이다. 이제 느긋하게 선운사로 가는 길, 도솔계곡에 가을이 깊었다.

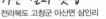

선운사를 들머리로 진흥굴~도솔암~마애불~용문굴~낙조대~천마봉~도솔암~선운사 코스는 약 넉넉하게 3시간쯤 걸린다. 마애불에서 용문굴을 통해 천마봉까지 이른 후, 천마봉에서 바로 도솔암으로 내려오는 코스를 잡는 것이 수월하다. 선운산 관리사무소 063-563-3450.

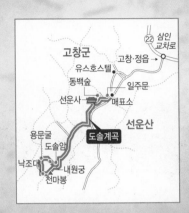

삼인 교차로
고창군
고창·정읍 →
유스호스텔
동백숲
일주문
선운사
매표소
선운산
도솔계곡
용문굴
도솔암
내원궁
낙조대
천마봉

가는 길과 맛집
전라북도 고창군 아산면 삼인리

교통
자가용은 서해안고속도로 선운산 나들목으로 나오는 것이 가장 가깝다. 서울에서 고창행 버스는 센트럴시티터미널(02-6282-0114)에서 07:00~19:00까지 약 40분 간격, 고창에서 선운사행 버스는 06:20~20:15까지 약 20분 간격으로 있다.

맛집
선운산에서는 풍천장어와 복분자술이 빠지면 섭섭하다. 풍천은 바닷물이 밀려들어 오면서 바람을 몰고 올라온다는 해서 붙은 이름이다. 선운사 입구에 연기식당(063-562-1537)과 명가식당(063-561-5389)이 유명하다. 장어구이 1인분 1만 8,000원.

비로봉 일대는 나무가 자라지 못하는 아고산지대로 양탄자를 깔아놓은 듯 부드러운 초원지대가 펼쳐진다.
빨간 지붕의 건물은 주목 군락지 관리초소다.

여인의 몸처럼 부드러운
천상의 길

영주 소백산 초원 능선

희방사 ▶ 연화봉 ▶ 비로봉 ▶ 삼가리

"당연히 소백산이지!" 우리나라에서 가장 아름다운 능선 하나 꼽아달라는 질문에 곧바로 튀어나온 대답이다. 소백산(1439.5m)은 이름에 소(小)자가 들어가는 바람에 왠지 작고 만만한 산으로 느껴지지만, 품이 넓고 큰 산이다. 특히 1,300~1,400m 높이의 연화봉~비로봉~국망봉으로 이어지는 능선은 나무가 자라지 못하는 아고산지대로 양탄자를 깔아놓은 듯 초원지대가 펼쳐진다. 여인의 몸처럼 부드러운 초원에는 봄여름가을 야생화가 지천으로 피고, 겨울철에는 눈이 많이 쌓여 환상적인 설경을 연출한다.

신령스러운 산에 백(白)자를 넣어

　　소백산을 이해하는 키워드는 소(小)가 아니라 백(白)이다. 우리 민족은 예로부터 '밝음(白)'을 숭상했기에 신령스러운 산에 백(白)자를 넣었다. 백두대간의 시원 백두산을 비롯해 함백산, 태백산, 소백산 등이 그러하다. 여기서 백(白)은 밝음의 뜻만이 아니라 '높음' '거룩함'의 의미를 내포하고 있다. 소백산의 산세는 부드럽고 온화해 사람들이 기대 살기 좋았다. 조선 후기 유행했던 십승지지(十勝之地) 중에서 풍기, 춘양, 영월, 태백 등 많은 십승지가 유독 소백과 태백의 양백지간에 걸쳐있는 것은 우연이 아니다. 소백산의 핵심은 천상의 화원을 이루는 연화봉~비로봉~국망봉 능선이다. 이곳을 계절과 산행 능력에 따라 적절하게 선택해 산행 코스를 잡는 것이 현명하다. 늦가을에 적당한 코스는 풍기의 희방사를 들머리로 연화봉과 비로봉을 거쳐 비로사로 내려오는 길이다. 거리는 약 11㎞, 5시간쯤 걸린다.

연화봉에서 본 소백산 천문대. 가운데 멀리 아스라이 펼쳐진 산줄기가 월악산이다.

희방사 들머리는 소백산 등산로의 고전이라 할 수 있다. 이곳에서 시작해야만 연화봉에서 시작하는 초원 능선을 탈 수 있기 때문이다. 죽령에서 시작해도 연화봉에 닿지만, 포장도로가 깔려 걷는 맛이 좋지 않다. 주차장에서 희방사까지는 호젓한 길이 이어진다. 절 입구에는 수직암벽을 타고 내려오는 희방폭포가 시원하게 쏟아진다. 그 모습을 서거정(1420~1488)은 "하늘이 내려준 꿈에서 노니는 듯한 풍경"이라 평했다. 예전에는 지금보다 훨씬 멋있었나 보다.

폭포를 지나면 아담한 희방사가 나온다. 신라 선덕여왕 12년(643)에 두운대사가 호랑이가 물어온 경주 호장의 딸을 살려주고, 그에 대한 보은으로 시주받아 창건한 사찰이라 한다. 그래서 절 이름도 은혜를 깊게 되어 기쁘다는 뜻의 희(喜)에 두운조사의 참선방이란 것을 상징하는 방(方)을 붙여 희방사가 되었다.

희방사를 나오면 본격적으로 산길이 이어진다. 피나무가 유독 많은 가파른 비탈을 30분쯤 오르면 희방깔딱재에 올라선다. 여기서부터는 완만한 능선길이다. 활엽수들은 낙엽을 떨구고 눈부신 알몸으로 빛난다. 멀리 소백산 천문대를 바라보며 1시간가량 오르면 연화봉에 닿는다. 나무 데크로 말끔하게 꾸민 연화봉 전망대에 서면 제1연화봉~비로봉~국망봉으로 이어진 초원 능선이 유감없이 드러난다. 우리나라 어느 능선이 이곳처럼 부드러울까. 반대편으로는 소백산 천문대 너머로 월악산 영봉이 엄지손가락처럼 튀어나왔다. 전망대 앞에는 빨간 우체통이 서 있다. 다음번에는 편지와 우표를 준비해 사랑하는 사람들에게 보내리라. 부드러운 초원 능선을 바라보면서 글을 쓰면 멋진 문장이 술술 나올 것 같다.

남사고가 말에서 내려 절을 한 까닭

연화봉에서 비로봉까지는 구렁이 담 넘듯 여러 봉우리를 넘는데, 나무들이 드물어 조망이 좋다. 능선의 초지는 연둣빛에서 초록빛으로 바뀌었다가 이제 황금빛을 넘실거린다. 곧 포근한 눈송이들에 덮여 겨울을 날 것이다. 제1연화봉에서 봉우리 두 개를 더 넘으면 천동계곡이 갈리는 삼거리다. 여기서 비로봉을 바라보면 드넓은 품으로 주목들이 가득하다. 주목 군락지를 지나면 소백산 최고봉 비로봉에 올라선다. 정상에는 눈부시게 밝은 빛이 쏟아져 내린다.

소백산을 이야기할 때 빼놓을 수 없는 사람이 도인 남사고(1509~1571)다.

제법 넓은 공터인 소백산 정상 비로봉

남사고는 십승지지를 체계화한 인물로 종6품의 벼슬인 천문교수를 지내며 역학, 풍수, 천문에 능통했고, 조정의 동서분당(東西分黨)과 임진왜란 등을 예언했다고 한다. 남사고는 십승지 중에서 가장 먼저 풍기 금계동을 꼽았다. 십승지란 난세에 몸을 보전할 땅이며 복을 듬뿍 주는 길지(吉地)를 말한다. 풍기가 십승지의 첫머리를 장식한 이유는 다름 아닌 소백산 때문이다. 말을 타고 풍기 언저리를 지나던 남사고가 갑자기 말에서 내려 넙죽 절을 하고 "저것은 사람을 살리는 산이다!"라고 외쳤다고 한다. 남사고가 본 것은 무엇일까. 그것은 소백산의 맑고 부드러운 초원 능선은 아니었을까.

하산은 비로봉에서 남쪽으로 이어진 길을 따른다. 초반 가파른 비탈을 내려서면 전체적으로 완만한 길이다. 비로사까지 1시간 10분쯤 걸리고, 다시 30분 더 가면 삼가리 버스정류장에 닿는다. 산행을 마치니, 내 안의 각지고 까칠한 생채기들이 소백산의 부드러움에 둥그렇게 구부러진 느낌이다.

산길 친구

소백산의 가장 아름다운 초원 능선은 연화봉~비로봉~국망봉에 걸쳐 있다. 그중 희방사를 들머리로 하는 길이 가장 좋다. 죽령 들머리로 연화봉 가는 능선길은 시멘트 포장길이라 걷기 좋지 않다. 희방사에서 시작해 비로봉~국망봉을 거쳐 순흥 배점리로 내려오는 코스는 약 15㎞, 9시간쯤 걸어야 한다.

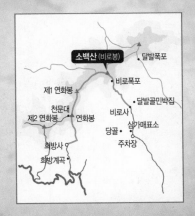

가는 길과 맛집
경상북도 영주시 순흥면

교통
동서울종합터미널(1688-5979)에서 영주 혹은 풍기행 버스를 탄다. 영주행은 06:15~21:45까지 30분 간격, 풍기행은 07:30 08:50 11:10 13:30 15:40 17:00에 있다. 영주에서 풍기 경유 희방사 입구행 버스는 06:15 06:55 07:50 08:20 09:20 10:30 11:50 13:30 14:30 15:00 16:30 17:00 18:30에 있다. 삼가리에서 풍기 경유 영주행 막차는 18:00다.

맛집
풍기는 인삼과 한우가 유명한 고장이다. 풍기인삼한우(054-635-9285) 식당은 식육점을 같이 운영하면서 신선한 한우 생고기를 공급한다. 국물이 일품인 인삼갈비탕도 별미다.

월류봉에서 바라본 원촌리 마을은 한반도 모양이 뚜렷해 신기하다. 초강천이 부드럽게 마을을 감싸며 흘러간다.

달이 강물처럼 흐르는 봉우리

영동 황간 월류봉

월류봉 주차장 ▶ 5봉 ▶ 월류봉(1봉) ▶ 월류봉 주차장

황간면 초강천(초강) 상류에는 월류봉(月留峯)
이란 멋진 이름을 가진 산이 있다. 월류봉을
타고 오른 달이 서편으로 그냥 넘어가는 것이
아니라, 능선 따라 강물처럼 흐르듯 사라진다
고 한다. 그 모습에 반한 우암 송시열은 이곳
에 한천정사를 짓고 아침마다 월류봉 중턱 샘
까지 오르내렸다. 그래서 이곳 8가지 명소를
한천팔경이라 부르는데, 으뜸은 월류봉이다.
아래에서 지긋이 올려보는 월류봉도 좋지만,
월류봉에 올라 내려다본 모습 또한 일품이다.

산행 도우미
- ▶ **걷는 거리** : 약 3.5km
- ▶ **걷는 시간** : 2시간 30분
- ▶ **코   스** : 월류봉 주차장~5봉~
  월류봉(1봉)~월류봉
  주차장
- ▶ **난 이 도** : 무난해요
- ▶ **좋 을 때** : 여름, 가을 좋아요

한천팔경 중 으뜸인 월류봉

월류봉은 원촌리 주차장 앞에서 보는 모습이 가장 멋지다. 부드럽게 곡선을 그리며 휘어져 나가는 초강천 뒤로 송곳처럼 우뚝한 봉우리 여섯 개가 부챗살처럼 펼쳐진다. 맨 왼쪽 봉우리 앞으로는 월류정이란 정자가 날아갈 듯 앉아 있는 모습도 근사하다. 기막힌 자리에 화룡점정처럼 앉은 정자 덕분에 월류봉의 모습은 더욱 돋보인다. 이 정자는 예전부터 있던 것이 아니라 2006년에 세운 것이다. 후대 사람들이 만든 것으로는 가히 돋보이는 역작이다.

한철팔경은 월류봉을 비롯해 화헌악, 용연동, 산양벽, 청학굴, 법존암, 사군봉, 냉천정의 여덟 경치를 말하는데, 대부분 월류봉의 여러 모습을 지칭한 것이다. 봄에 진달래와 철쭉으로 산이 붉어지면 화헌악(花軒岳), 용연동(龍淵洞)은 월류봉 아래의 깊은 소를, 산양벽(山羊壁)은 월류봉의 깎아지른 절벽을, 청학굴(靑鶴窟)은 월류봉 중턱의 깊은 동굴을 이른 것이다.

월류봉 감상은 대개 주차장 앞에서 산을 올려다보며 감탄하다가 차를 타고 되돌아가는 것이 일반적이다. 하지만 월류봉에 오르면 유장하게 흘러가는 초천강과 웅장하게 펼쳐진 백화산 조망이 기막히다. 산행에 앞서 주차장 앞에 세워진 월류봉 등산 안내판을 유심히 봐야 한다. 안내판에 따르면 초천강을 건너 산에 올랐다가 다시 강을 건너 원점회귀한다. 강변으로 내려가자 아저씨 한 분이 다슬기를 잡고 있다.

"많이 잡으셨어요?"

"뭘요, 물살이 세 많이 안 잡혀요."

그의 바구니 안에는 다슬기가 가득했다.

"돌이 물에 쓸려갔어요. 산에 가려면 신발 벗고 강을 건너오세요."

징검다리가 물에 쓸려간 흔적이 보인다. 신발을 벗고 발을 물에 담그자 시원한 물살이 발가락을 어루만진다. 물의 촉감이 부드러워 기분이 좋아진다. 이 물을 예전에는 차다고 해서 한천으로 불렀다. 백두대간의 깊은 계곡인 물한계곡에서 내려오는 냇물이다. 강 중간쯤 가자 센 물살이 흐르는 곳에 물고기 몇 마리가 힘차게 지느러미를 흔들고 있다. 바닥이 미끄러워

날아갈 듯 앉은 월류정 덕분에 월류봉은 더욱 아름답게 보인다.

발가락에 힘을 꽉 주고 건너는 맛이 제법 스릴 있다. 강을 건너면 미루나무들이 우뚝한 넓은 백사장이 펼쳐진다. 이곳에서 TV 드라마 〈해신〉을 찍었다. 산행에 앞서 월류정에 오르자 초강천의 유연한 곡선이 보기 좋다. 산길은 미루나무를 지나 백사장을 따라 이어진다. 월류봉 산신을 모신 서낭당을 지나면 길은 산비탈을 부드럽게 타고 돈다. 치솟은 산에 비해 길이 순한 것이 신기하다.

초강천과 석천이 만나는 풍경

서늘한 공기가 밀려오는 큰 동굴을 지나면 길은 코가 땅에 닿을 듯한 급경사가 이어진다. 15분쯤 비지땀을 흘리면 점점 조망이 좋아지면

유유자적 초강천에서 다슬기를 잡는 주민

월류봉은 오르내리며 초강천을 건너야 한다.

서 5봉에 올라붙는다. 아래에서 보면 월류봉 5개 봉우리 중에서 왼쪽 봉우리인 월류봉(1봉)이 정상으로 보이지만, GPS로 확인한 결과 의외로 5봉이 가장 높았다. 이제 휘파람을 불면 봉우리를 타고 넘으면서 느긋하게 조망을 즐기면 된다.

4봉에 이르자 월류정 앞을 스쳐 U자를 그리며 흘러나가는 초강천의 모습이 잘 보인다. 역시 강은 높은 곳에서 봐야 제맛이다. 봉우리를 넘을 때마다 풍경은 조금씩 바뀌고, 1봉에 이르자 기다렸다는 듯 시원한 조망이 열린다. 물한계곡에서 발원해 황간을 적시고 흘러온 초강천과 백화산에서 내려온 석천이 월류봉 앞에서 합류하는 장면이 감동적으로 펼쳐지고, 북쪽으로 주행산과 포성산으로 이어진 백화산맥의 흐름이 웅장하다.

하산은 1봉 오른쪽으로 이어진 길을 따르면 곧 삼거리가 나온다. 여기서 길은 리본이 붙어 있는 왼쪽이다. 급경사를 10분쯤 내려서면 길이 순해지고 이어 물소리가 들리면서 초강천에 닿는다. 징검다리에서 탁족을 즐기고, 우암 송시열이 머물렀던 한천정사와 유허비를 둘러보면서 산행을 마무리한다.

산길 친구

원촌리 월류봉 입구에서 5개 봉우리를 모두 돌고 내려오는데 약 3.5㎞, 넉넉하게 2시간 30분쯤 걸린다. 주차장에서 강을 건너고, 내려와 다시 강을 건넌다. 징검다리가 떠내려갔기 때문에 물살이 셀 때는 주의해야 한다. 스포츠 샌들을 가져가면 편리하다.

가는 길과 맛집
충청북도 영동군 황간면 원촌리

교통
월류봉은 황간면에서 4㎞쯤 떨어져 있다. 자가용은 경부고속도로 황간나들목으로 나오면 월류봉이 지척이다. 대중교통은 기차를 이용하며 서울역→황간역은 무궁화호가 08:33 13:15 17:40 18:40, 황간역→서울역은 06:53 07:53 14:36 19:52에 있다. 영동이나 황간에서 월류봉 가는 버스는 없다. 황간역에서 걸으면 월류봉까지 30분, 택시를 타면 5분도 안 걸린다.

맛집
월류봉 앞에 한천가든(043-742-5056)은 민물 매운탕을 잘하고, 황간역 앞에 동해식당(043-742-4024)은 30년 넘게 올갱이국을 낸 원조집이다. 칼칼한 국물에 수제비를 넣은 것이 특이하다. 올갱이국 5,000원

눈꽃 얼음꽃
　피어나는 산길의 정취

冬

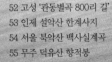

원효봉은 북한산성을 조망할 수 있는 최고의 전망대다. 돌불꽃처럼 치솟은 백운대의 기세가 하늘을 찌른다.

뼈아픈 역사 간직한
아름다운 폐곡선

서울 북한산성

**효자리 ▶ 원효봉 ▶ 북문 ▶ 적석고개 ▶ 비석거리
▶ 의상봉 ▶ 대서문 삼가리**

북한산은 북한산성과 떼어놓고 생각할 수 없다. 북한산성이 북한산이라는 천연의 요새를 최대한 이용하여 축조된 까닭이다. 백제시대에 처음 만들어진 산성은 1711년 조선 숙종 때 대대적으로 증축됐다. 당시 산성은 14개의 성문과 120칸의 행궁, 140칸의 군창 등이 있어 유사시에 수도의 역할을 대신할 수 있게 설계됐다.

북한산성 최고의 전망대 원효봉

북한산성을 한 바퀴 도는 코스는 우리 역사의 아픔과 북한산의 역동적인 아름다움을 느낄 수 있는 산길이다. 총 14개의 성문 중에서 능선에 있는 12개의 성문을 거치기 때문에 흔히 '12성문 종주'라고 부른다. 하지만 겨울철에 산성 일주는 무리이고, 원효봉과 의상봉을 중심으로 작은 원을 그리며 산성계곡에 흩어져 있는 문화유산을 둘러보는 것이 좋겠다. 효자리 마을회관 정류장에 내려 마을 안쪽으로 들어가면 펑퍼짐한 원효봉이 눈에 들어온다. 원효봉은 전체가 암봉이지만 생김새가 후덕해 정이 가는 봉우리다. 마을을 지나서 원효암 안내판을 만나면서 산길이 시작된다. 이어 야트막한 능선에 올라붙으면 첫 번째 성문을 만난다. 산성 안의 시체가 나오는 문으로 알려진 시구문(서암문)이다.

시구문 안으로 들어서면서 본격적인 산성길이 시작되고 15분쯤 가면 원효암에 닿는다. 근처에 원효대사가 수행했던 원효대가 있다고 해서 원효암이란 이름이 붙었다. 원효암을 지나면 거대한 암봉이 앞을 가로막는다. 쇠난간을 잡고 암봉에 올라서면 탄성이 터져나온다. 그동안 막혀 있던 조망이 시원하게 뚫린 까닭이다. 돌불꽃으로 치솟은 북한산 최고봉 백운대(836.5m)가 하늘을 불태울 기세이고, 멀리 도봉산 오봉이 어른거린다.

암봉에서 내려서 솔숲을 통과하면 원효봉 정상이다. 이곳은 온통 암반이라 정상 자체의 품격도 뛰어나지만, 조망은 북한산에서 둘째 가라면 서러운 곳이다. 백운대~만경대~노적봉이 어울려 눈부신 성채를 이루고, 그 오른쪽으로 대동문~문수봉~용출봉~의상봉까지 북한산성을 구성하는 주요 봉우리와 성문이 조망된다. 험준하기 짝이 없는 화강암 봉우리들을 연결한 산성은 가히 하늘이 내린 난공불락의 요새다.

산성에 얽힌 뼈아픈 역사

1711년에 진행된 북한산성 증축은 사실 소 잃고 외양간 고치는 꼴이었다. 병자호란의 뼈아픈 굴욕을 당한 후에 수도 한양에 가까운 철옹성의 필요성을 깨달은 것이다. 그렇게 완성된 북한산성은 안타깝게도 실전에서는 한번도 사용되지 못했다.

북한산성은 외세에 대항하기 위해 세워졌지만, 그 가치를 제대로 인식하고 그것을 최대한 이용한 자들은 오히려 외세였다. 산성 내 축조되어 있던 시설물들을 철저하게 파괴한 자들은 일본인이었다. 그들은 산성이 항일무장투쟁의 본거지로 사용된다면 얼마나 진압이 어려울지를 훤히 꿰뚫고 있었기 때문이다. 참으로 안타까운 역사의 아이러니가 아닐 수 없다.

원효봉에서 능선을 따라 내려오면 북문에 닿는다. 북문은 지붕이 사라져 뼈대만 앙상하지만 홍예문의 무지개 곡선이 우아하다. 북문에서 계속 능선을 따르면 염초봉을 지나 백운대까지 이어지는데, 이를 원효리지라고 한다. 원효리지는 북한산에서 가장 많은 사고가 일어나는 구간이므로 그곳

백운대 정상에서 내려보면 우람한 인수봉과 도봉산 일대가 시원하게 펼쳐진다.

으로 가지 않게 조심해야 한다. 북문에서 계곡으로 내려서면 상운사를 스쳐 대동사 입구까지 이어진다. 여기서 위문 방향으로 올라가지 않고, 계곡을 건너 북장대 능선을 따르는 것이 이번 산길의 핵심이다. 10분 정도 오르면 적석고개에 올라서고 하산하면서 노적봉이 기막히게 보이는 훈련도감터와 노적사를 차례대로 만난다.

북한산성은 북한산이란 천연 요새를 그대로 살려 쌓았다.

김시습이 시를 썼던 산영루

　　노적사에서 내려오면 산성계곡을 만난다. 행궁, 절, 군창 등 북한산성의 주요 시설물들이 자리잡은 넓고 평탄한 계곡이다. 15분쯤 오르면 비석거리가 나온다. 비스듬히 누운 암반에 비석들이 즐비하게 서 있다. 비석들은 당대 북한산성 총사령관들의 선정비가 대부분이다. 비석거리 앞 계곡에 정자 주춧돌이 남아 있는데, 그것이 유명한 산영루다. 기록에 의하면 산영루는 산성계곡 최고의 절경인 향옥탄을 바라보고 있고, 김시습이 하루 종일 시를 써서 계곡물에 띄워 보냈다고 한다.
산길은 산영루터에서 올라온 길을 되짚어 내려가면서 중성문을 지난다. 중성문은 북한산성 안의 내성(內城)으로 순한 계곡길을 보완하기 위해 만들었다. 이어 법용사에서 왼쪽 길을 택해 국녕사를 지나면 가사당암문이다. 의상능선에서 가장 험준한 나한봉, 증취봉, 용출봉을 건너뛴 것이다. 암문에서 지적인 의상봉에 오르면 넓은 암반이 펼쳐지고, 산성계곡이 손금처럼 훤히 보인다. 하산은 의상봉에서 급경사를 조심조심 내려오면 마지막으로 대서문에 닿는다.

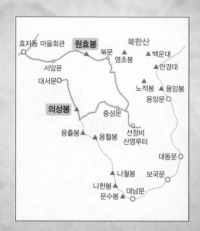

효자동 마을회관
서암문
대서문
원효봉
북문
염초봉
북한산
백운대
안경대
노적봉
용암봉
용암문
의상봉
중성문
용출봉
용혈봉
선정비
산영루터
대동문
나월봉
보국문
나한봉
문수봉
대남문

산길 친구

북한산성을 한 바퀴 도는 코스는 북한산의 역동적인 아름다움 그 속에 스며든 우리 역사의 아픔을 느낄 수 있는 산길이다. 총 14개의 성문 중에서 능선에 있는 12개의 성문을 거치기 때문에 흔히 '12 성문 종주'라고 부른다. 효자동에서 시작해 시구문~백운대~청수동암문~대서문까지 약 15km, 8시간쯤 걸린다. 본문에 소개한 코스는 북한산성을 짧게 도는 길이다.

가는 길과 맛집
경기도 고양시 덕양구 효자동

교통
지하철 3호선 구파발역에서 704번 파란색 버스를 탄다. 북한산성 입구 다음 정류장인 효자동 마을회관에서 내린다.

맛집
하산 지점인 북한산성 산성마을에는 뒤풀이 장소가 넘쳐난다. 이곳 식당들은 대부분 양미리구이를 파는데, 고소하고 담백한 맛이 막걸리 안주로 그만이다. 한 접시 5,000원.

수어장대에서 서문으로 가는 길은 순하고 부드럽다. 남한산성은 본성의 길이가 9㎞, 옹성은 2.7㎞로 고기 비늘처럼 잘 쌓았다.

치욕의 역사가 서린
순둥이처럼 착한 길

광주 남한산성

남한산성 입구 ▶ 남한천약수 ▶ 수어장대
▶ 장경사 ▶ 동문

남한산(522m)은 남한산성의 운명으로 태어났다. 밖에서 보면 험준하지만 안으로 부드러운 산세와 북쪽으로 한강을 접한 전략적 중요성을 두루 갖추었다. 삼국시대부터 축조된 산성은 인조 2년(1624) 대대적으로 증축되었다. 우리 역사에서 남한산성만큼 치욕의 상처를 간직한 곳도 드물다. 1636년 병자호란의 굴욕을 겪었고, 조선 후기에는 천주교인 박해 사건이 있었으며 군사정권 시절엔 한동안 육군 교도소가 들어서기도 했다. 하지만 지금의 남한산성은 원형 그대로 말끔하게 복원되어 노송이 우거진 서울 근교의 대표적인 명소가 되었다. 주말이면 역사 공부를 하는 아이들, 데이트를 즐기는 연인들, 걷는 맛이 좋아 찾아온 산꾼들로 북적북적하다.

고기 비늘처럼 꽉 짜인 산성의 미학

지하철 5호선 마천역 1번 출구로 나와 10여 분 가면 남한산성 입구에 이른다. 여기서 남한천약수터까지는 미로 같은 골목과 작은 고개를 넘어 40분쯤 걸린다. 약수터는 넓은 평지로 나무들이 빽빽이 들어차 있다. 시원하게 약수 한 잔을 들이켜고 제법 가파른 경사를 30여 분 오르면 울창한 소나무숲을 통과해 청량산(482.6m) 정상 아래 산성 삼거리에 닿는다.

삼거리에서 산성을 자세히 보면 개구멍처럼 작은 암문이 보인다. 암문(暗門)은 대문을 달지 않고 정찰병들을 내보냈던 문이다. 옛날에는 돌로 막아뒀다고 한다. 허리를 굽혀 기다시피 통과하면 그 옛날로 돌아가는 기분이다. 하지만 막상 들어서면 울긋불긋 등산복 차림의 사람들로 와자지껄하고 널찍한 포장도로가 기다리고 있다.

노적사에서 내려오면 산성계곡을 만난다. 행궁, 절, 군창 등 북한산성의 주요 본격적으로 산성길을 따라자마자 청량산 정상에 자리잡은 수어장대를 만난다. 이곳은 본래 단층으로 지은 것을 영조 27년(1751)에 2층 누각을 증축했다. 층간 높이는 낮지만, 야무지게 버티고 선 남한산성의 총지휘부다. 수어장대에서 서문으로 가는 길은 소나무와 성곽의 오묘한 굴곡이 수평과 수직으로 어우러져 발걸음을 즐겁게 한다. 남한산성은 본성의 길이가 9㎞, 옹성은 2.7㎞로 고기 비늘처럼 잘 쌓았다. 18세기 복원 기록인 『중정남한지(重訂南漢志)』를 따라 최대한 원형 그대로 복원했다고 한다.

연주봉옹성 정상에 서면 서울 시내와 산성 일대가 한눈에 들어온다. 옹성은 성문을 보호하고 성벽을 기어오르는 적을 측면에서 공격하기 위한 방어시설이다.

서문은 병자호란 당시 인조가 청나라에 항복하러 나갔던 문이다. 성문이 낮아 머리를 숙여야 했고, 길이 가팔라 말에서조차 내려야 했다고 전해진다. 서문을 지나면 다시 암문이 나오는데, 그곳으로 나가면 연주봉옹성이 이어진다. 옹성은 성문을 보호하고 성벽을 기어오르는 적을 측면에서 공격하기 위한 돌출된 방어시설이다. 보통 평지 읍성에 주로 설치하는데, 산성으로는 남한산성이 유일하다고 한다. 연주봉옹성 정상에 서니 서울 시내가 한눈에 내려다보인다.

청 태종이 깨뜨린 벌봉

언덕에 자리잡은 북장대지(北將臺址)는 아름드리 소나무들이 장관이다. 산성 안의 나무들은 마을 주민들이 '금림조합'을 만들어 순산원을 두고 도벌을 막아 보호한 덕택에 지금처럼 건강하게 살아남았다고 한다. 동

청량산 정상에 늠름하게 서 있는 수어장대. 동서남북 4개의 장대(將臺) 중에서 유일하게 남은 곳으로 남한산성의 총지휘부다.

장대암문에서 벌봉으로 이어진 길은 남한산성 최고의 걸작이다. 인적이 뜸한 길은 순하면서 호젓하고, 길섶 양쪽으로 허물어진 봉암산성이 쓸쓸한 분위기를 돋운다.

벌봉 정상에는 남한산에서 가장 큰 바위가 서 있다. 여기에 올라서면 뜻밖에도 한강과 그 너머 검단산이 시원하게 펼쳐진다. 병자호란 당시에 청 태종은 조선의 정기가 이 바위에 서려 있음을 간파하고, 즉시 깨뜨려 전쟁에서 승리했다고 전해진다. 실제로 바위 가운데가 쩍 갈라져 있다.

산성의 은밀한 통로인 암문

다시 동장대암문으로 돌아와 15분쯤 내려가면 작은 암문이 보일듯 말듯 숨겨져 있다. 이 암문 밖이 장경사신지옹성이다. 유장하게 곡선을 그리는 옹성 너머로 잘 생긴 광주의 산들이 시원하게 펼쳐진다. 제법 급경사를 타고 내려오면 장경사를 지나고, 동문 아래에서 도로를 만나면서 산행이 끝이 난다.

산기 친구

남한산성은 서울 송파구와 경기도 하남시, 광주시, 성남시 등 4개 지역에 걸쳐 있기에 등산로가 거미줄처럼 많다. 그 중 추천하는 코스는 서울 송파구 마천동에서 남한천약수를 지나 수어장대(守禦將臺)에 오르는 길이다. 이어 산성을 타고 서문~북문~동장대암문에 이르고, 여기서 조망이 좋은 벌봉(봉암, 515m)을 다녀와 동문으로 내려오는 코스가 좋다. 이 길은 걷기 더할 나위 없이 좋고 산성에 서린 역사의 흔적을 반추할 수 있다. 남한산성 관리사무소 031-743-6610.

가는 길과 맛집

경기도 광주시 중부면 산성리

교통

지하철 5호선 마천역 1번 출구로 나와 남한산성 입구에서 산행이 시작된다. 산행이 끝나는 동문에서 도로를 따라 5분 오르면 산성 종로 로터리다. 종로 로터리에서 8호선 남한산성입구역으로 나가는 9번 버스가 수시로 있다.

맛집

음식점은 이 일대에 몰려 있다. 오복손두부(031-746-3567)는 주먹두부가 독특하고, 백제장(031-743-6551)은 산채정식, 함지박(031-744-7462)은 엄나무백숙을 잘한다.

이른 아침 부소봉 뒤로 첩첩 산그리메가 깨어난다. 태백산에서만 볼 수 있는 장엄한 풍경이다.

한민족 태초의 빛을 보라!

태백 태백산 천제단

당골 ▶ 천제단 ▶ 문수봉 ▶ 당골

태백산(1566.7m)은 한민족의 시원이 담겨 있는 유서 깊은 산이다. 단군의 신비로운 탄생과 활약을 기록한 단군신화의 무대가 이곳이기 때문이다. 태백산은 이러한 상징성과 더불어 눈꽃과 일출이 아름다워 신년 일출산행 코스로 인기가 좋다. 새해를 태백산 천제단에서 맞는 것은 어떨까. 그곳 시퍼렇게 열린 하늘을 향해 무당 할미처럼 극진한 절을 올려 보자.

산행 도우미
▶ 걷는 거리 : 약 10.4km
▶ 걷는 시간 : 4~5시간
▶ 코   스 : 당골~천제단~문수봉
         ~당골
▶ 난 이 도 : 무난해요
▶ 좋을 때 : 봄, 겨울에 좋아요

맑고 따뜻한 태백산의 기운

딸깍! 헤드 랜턴을 켜자 화들짝 놀란 어둠이 황급히 피하면서 빛의 길이 생긴다. 이미 하늘에서는 수많은 별이 저마다 크고 작은 랜턴을 켜놓고 운행하고 있었다. 이른 오전 4시 30분, 태백산 천제단에서 일출을 보기 위해 당골광장을 떠났다. 계곡으로 들어서자 차가운 공기가 뺨을 때리고, 향기로운 냄새가 막힌 코를 뚫는다. 차가운 물소리는 귀를 타고 내려와 찌르르 온몸으로 번진다.

성스럽고 신령스러운 기운이 도는 태백산 천제단. 한민족 사람들이라면 꼭 한 번 이 제단 앞에서 절을 하고, 장엄하게 펼쳐지는 산줄기를 바라보며 호연지기를 키워야 한다.

태백산에서 빼놓을 수 없는 것이 웅장한 산의 기운을 느끼는 것이다. 그것은 오감으로 느낄 수 없는 육감 같은 것이다. 사람마다 느끼는 크기와 강약은 다르겠지만, 기본적으로 단전을 감싸주는 맑고 따뜻한 기운이다. 그 기운을 한번이라도 느껴본 사람들은 줄기차게 태백산을 찾아오고, 또 태백산 예찬론자가 된다. 전국에서 가장 많은 무속인이 태백산에 모여, 신 내림(接神)을 받으려고 애쓰는 이유도 이런 연유와 일맥상통한다.

반재 오르는 길에 호식총(虎食塚)을 만났다. 지금은 남한에서 호랑이가 멸종된 것으로 알려졌지만, 태백 지역에서는 100년 전만 해도 호랑이에게 물려간 화전민의 수가 부지기수였다고 한다. 절반은 올랐다는 뜻인 반재를 지

나자 동편 하늘에서 심상치 않은 빛이 뿜어져 나오기 시작한다. 시간은 충분했지만 마음이 달떠 걸음을 재촉한다. 물 좋기로 소문난 망경사 용정(龍井)에서 목을 축이고, 단종비각 앞에서 잠시 걸음을 멈춘다. 이곳에 수양대군에 의해 죽임을 당한 단종이 산신으로 모셔져 있다. 변변한 묘 하나 없이 구천을 떠돌던 단종을 애잔하게 생각하던 태백산 인근의 백성이 단종을 태백산 산신으로 모셨다고 한다. 절을 올리고 길을 재촉하니 곧 천제단이다. 시간은 6시 50분. 다행히도 거세기로 유명한 천제단 바람이 잠잠하다.

호연지기의 기상을 키워주는 천제단

시나브로 해가 뜨는 동남쪽으로 핏빛 띠가 깔렸고, 검붉은 빛은 물에 풀리듯 하늘에 풀어져 장쾌한 산줄기들을 물들인다. 꼭 신비스러운 일이 일어날 것 같은 성스러운 분위기다. 어쩌면 단군신화에 나오는 상제(上帝) 환인의 서자이자 단군의 아버지 환웅이 풍백, 우사, 운사를 비롯한 무리 3,000명을 거느리고 태백산 신단수 밑에 내려올 때가 저러했을지도 모른다. 환웅의 무리 3,000명이 유성처럼 하늘에서 떨어지는 모습을 상상하는 순간, 눈이 부셨다.

주변의 무속인들은 얼굴에 환한 빛을 받으며 해를 향해, 또 천제단을 향해 두 손을 모아 바쁘게 절을 한

눈부신 사스레나무 군락

다. 태백산 천제단만큼 사방팔방의 산들이 일대 장관으로 펼쳐진 곳이 또 있을까. 어둠에서 깨어나는 산줄기들은 마치 천제단에 서 있는 관찰자를 향해 일제히 말을 몰아 달려오는 것처럼 역동적이다. 그중에서도 양백지간으로 불리는 태백산에서 소백산까지의 흐름은 가히 압권이다.

아! 이 후련하고 시원한 느낌을 뭐라고 불러야 할까? 선인들은 호연지기(浩然之氣)라고 불렀다. 천제단만큼 호연지기를 키울 수 있는 곳도 드물 것이다. 제단에 절을 올리고 드넓은 부소봉의 품에 안긴다. 부소봉은 천제단과 바로 이어진 능선으로, 달려가서 안기고 싶을 만큼 넉넉하고 푸근한 품을 가졌다.

천제단에서 부소봉으로 내려오면 천제단 하단(下壇)이 나타난다. 태백산의 제단은 상단 격인 장군봉의 제단, 천제단, 하단으로 이루어져 있다. 이어 나타난 갈림길에서 문수봉으로 가는 길로 들어선다. 부드러운 능선이 시작되고 길섶에는 눈부신 자작나무가 가득하다. 빛이 가득 쏟아지는 숲 터널을 통과하니 문수봉이다.

천제단에서 일출을 맞는 무속인들

태백산은 온통 육산인데, 문수봉 정상에만 검은 바위들이 무더기로 있어 더욱 신비롭다. 멀리 천제단과 장군봉으로 이어진 부드러운 능선이 눈에 들어왔다. 천제단과 장군봉은 영락없는 어머니의 두 가슴이었고, 두 봉우리에 쌓은 제단은 영락없는 젖꼭지였다. 태백산은 두 가슴으로 배달민족을 길러냈던 것이다. 문수봉에 오래오래 머물렀지만 떠날 시간이 되었다. 태백산의 높고 거룩한 기운을 품고 다시 억센 세상으로 발길을 돌린다.

산길 친구

태백산은 길이 순해 겨울철에도 어렵지 않게 오를 수 있다. 산길은 당골에서 천제단에 올랐다가 문수봉을 거쳐 제당골로 내려오는 코스가 좋다. 당골~반재~천제단 4.4km, 2시간쯤. 천제단~문수봉~당골 6km는 2시간 30분쯤 걸린다.

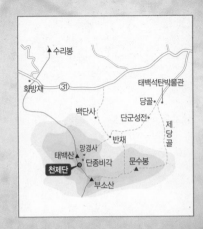

가는 길과 맛집
강원도 태백시 소도동

교통
자가용은 중앙고속도로에서 서제천 나들목으로 나와 연결된 국도를 이용해 영월을 거쳐 태백을 향한다. 열차는 청량리역→태백역이 08:00 10:00 12:00 14:00 17:00 22:00, 버스는 동서울종합터미널(1688-5979)에서 태백까지 06:00~23:00까지 운행한다. 태백터미널에서 당골까지는 07:30부터 수시로 버스가 운행한다.

맛집
태백 시내의 맛집은 연탄불에 질 좋은 태백 한우를 굽는 태성실비집(033-553-5289)이 유명하다.

법계사에서 천왕봉 오름길에 뒤돌아보면 남녘의 크고 작은 산들이 해일처럼 밀려온다.

어머니의 품처럼
너그러운 민족의 영산

산청 지리산 천왕봉

중산리 ▶ 천왕봉 ▶ 장터목 ▶ 백무동

지리산 최고봉 천왕봉이 낮고 가까워졌다. 산은 그대로지만 사람들이 산허리까지 올라간 까닭이다. 산청군 시천면 중산리(中山里)는 말 그대로 지리산 허리춤에 자리한 마을로 천왕봉을 오르는 최단 코스가 나 있다. 2008년 7월부터 중산리 탐방안내소에서 순두류 자연학습원까지 셔틀버스가 다니면서 천왕봉 산행이 좀 더 쉬워졌다.

당일 산행으로 지리산을 제대로 둘러보고 싶다면 중산리~천왕봉~장터목~백무동 코스에 도전해 보자. 이 길은 1,915m의 천왕봉에서 장쾌한 조망을 만끽하고, 장터목까지 주능선을 걸으며 웅혼한 지리산의 기상을 느낄 수 있다.

산행 도우미

▶ 걷는 거리 : 약 12.3km
▶ 걷는 시간 : 7~8시간
▶ 코　　스 : 중산리~천왕봉~
　　　　　　장터목~백무동
▶ 난 이 도 : 힘들어요
▶ 좋을 때 : 사계절 좋아요

어머니의 품처럼 너그러운 민족의 영산

중산리에서 천왕봉의 중간 지점인 로타리대피소까지 가는 길은 두 가지다. 칼바위 코스와 순두류 코스. 상대적으로 길이 순한 순두류 코스를 이용하려면 중산리 탐방안내소 앞에서 셔틀버스를 타야 한다. 하늘을 찌르는 낙엽송 지대를 10여 분 지나 순두류 자연학습장 입구에서 내린다. 산행은 위령비 왼편으로 이어진 길을 따르면서 시작된다.

포장도로를 벗어나 계곡으로 들어서면 푸릇푸릇한 산죽이 반갑고, 참나무와 박달나무에 생기가 돈다. 나무마다 뿌리에서 빨아올린 물을 우듬지로 보내는 중이다. 따스한 기운을 감지한 나무와 풀들은 새싹을 밀어올릴 준비로 분주하다. 봄의 생명력 충만한 계곡을 1시간쯤 오르면 로타리대피소에 도착한다.

대피소 바로 위에 자리잡은 법계사는 구례의 화엄사처럼 신라 진흥왕 9년(548)에 연기조사가 창건한 절로 알려졌다. 예전에는 찾는 사람이 뜸한 소박한 암자풍의 사찰이었는데, 최근에 다소 요란한 중창불사가 있어 호젓함은 사라졌다. 거대한 바위 위에 다소곳이 올라앉은 2.5m의 삼층석탑만 둘러보고 다시 등산로를 따른다.

법계사 입구에서 오른쪽 모퉁이를 돌면서 한동안 돌계단과 쇠줄 난간이 이어진다. 땀을 뚝뚝 흘리며 묵묵히 비탈을 오르다, 어느 순간 뒤돌아보면 화들짝 놀라게 된다. 남녘의 산들이 해일처럼 밀려오기 때문이다. 날씨가 좋은 날은 멀리 삼천포의 남해가 찰랑찰랑 넘실거린다. 커다란 입석 바위인 개선문(凱旋門)을 지나면 바위에서 떨어지는 물이 모이는 천왕샘이 기다리고 있다. 한 잔 들이켜니

제석봉 고사목 지대를 지나는 산꾼들. 1,500m가 넘는 산줄기들이 역동적으로 흘러가는 장쾌함은 오직 지리산에서만 볼 수 있는 명풍경이다. 오른쪽 가장 높은 펑퍼짐한 봉우리가 반야봉이다.

마치 살얼음을 깨고 먹는 것처럼 차갑다. 약수에 힘을 얻어 악명 높은 급경사 돌계단을 단숨에 돌파하니 대망의 천왕봉이다.

김종직의 천왕봉 조망법

　　　　1472년 점필재 김종직은 함양 관아를 떠나 이틀만에 천왕봉에 올랐고, 정상에서 덕유산, 계룡산, 가야산 등 사방의 28개 봉우리를 조망한 기록이 있다. 높은 산을 오르는 일이 지금처럼 쉽지 않았을 때에 지리산에서 사방을 조망하고 많은 명산을 알아 보았다는 것은 참으로 대단한 경지가 아닐 수 없다.

김종직이 가르쳐 준대로 북쪽부터 사방을 한 바퀴 둘러 보고 북쪽의 무주 덕유산, 동쪽의 대구 팔공산, 서쪽의 광주 무등산, 남쪽의 사천 와룡산 등을 알아 보았다. "동쪽의 팔공산과 서쪽의 무등산만은 여러 산 중에서 제

지리산은 전체적으로 부드러운 육산이지만 천왕봉 정상은 우락부락한 암반 지대다.

법 활처럼 우뚝 솟아 있다"는 그의 말처럼 두 봉우리의 기상이 출중했다. 천왕봉에서 장쾌하게 뻗어내려간 지리산 주능선을 바라보는 것처럼 행복한 일이 또 있을까. 이 길을 걷다 보면 웅장한 산세 때문인지 자연스럽게 백두산이 떠오른다. 조선시대의 지식인들은 지리산보다 두류산(頭流山)이란 말을 더 좋아했다. 두류산은 백두산이 흘러 남쪽에 서려 우뚝 솟았다는 뜻이다. 이 말에는 우리 국토의 등줄기인 백두대간에 대한 인식이 녹아 있으며 나아가 지리산이 백두산과 마찬가지로 하늘과 소통하는 신성한 공간이란 자긍심이 담겨 있다.

천왕봉을 내려와 통천문을 통과하면서 제석봉 고사목 지대의 멋진 풍경을 상상했다. 그런데 이게 웬일인가? 고사목들이 거의 쓰러져 제석봉은 민둥산처럼 황량하고 초라해져 있었다. 4년 전만 해도 제법 고사목들이 늠름했건만….

장터목산장에서 라면을 끓여 허기를 채우고 하산길에 들었다. 길은 제석봉의 옆구리를 타고 돌다가 반야봉을 바라보면서 지릉을 따른다. 산죽과 신갈나무가 우거진 호젓한 숲길은 시나브로 고도를 낮추면서 참샘과 하동바위를 지나 백무동에 이른다.

산길 친구

중산리 탐방안내소에서 순두류 자연학습원까지 셔틀버스를 이용한다. 순두류 자연학습원~천왕봉 4.8㎞, 3시간 30분, 천왕봉~장터목 1.7㎞, 1시간, 장터목~백무동 5.8㎞, 3시간쯤 걸린다. 지리산관리공단 중산리분소 055-972-7785.

버스정류장
상백무
하동바위
참샘
통천문
지리산
중봉
제석봉
천왕봉
법계사
로터리산장
연하봉
장터목산장
청소년수련장
세석산장
망바위
순두류
촛대봉
칼바위
탐방안내소
임소혁
사진갤러리
중산리

가는 길과 맛집
경상남도 산청군 시천면 중산리

교통
서울에서 중산리로 가려면 서울남부터미널(02-521-8550)에서 함양 혹은 원지행 버스를 탄다. 원지행은 06:00~21:00까지 약 30분 간격으로 다니며 소요시간은 3시간 10분. 함양행은 08:40 10:32 16:00 23:00 운행하며 소요시간은 4시간. 원지터미널(055-973-0547) → 중산리는 오전 6시 50분~오후 9시 40분까지 약 1시간 간격으로 운행된다.

맛집
중산리 탐방안내소 앞의 용궁산장(055-973-8646)은 단골 산꾼들이 많은 집으로 직접 담근 장으로 만든 우거지해장국(6,000원)이 일품이다. 이곳에서만 나온다고 자랑하는 당귀김치도 별미다.

산성의 망대에서 본 속리산 주릉. 눈과 바위가 어울린 풍경이 일품이다.

속리산 정기 받은
견훤의 베이스캠프

상주 속리산 견훤산성

장암리 ▶ 견훤산성 ▶ 장암리

속리산만큼 오묘한 이름을 가진 산이 또 있을

까? 법주사를 중창하기 위해 보은 땅에 도착

한 진표율사를 따라 밭을 갈던 소들과 농부들

이 속을 버리고 불도에 입문한 산이라 하여 속

리산이 되었다는 것. 여기에다가 고운 최치원

의 "도는 사람을 멀리하지 않는데 사람은 도

를 멀리하는구나, 산은 사람을 떠나지 않는데

사람이 산을 떠나는구나(道不遠人 人遠道, 山非離

俗 俗離山)"시 한 수가 더해져 속리산의 이름은

더욱 깊어진다.

상주 사람들이 섭섭한 까닭

흔히 '보은 속리산'이란 말이 있는데, 상주 사람들은 늘 섭섭했다. 속리산은 보은뿐만 아니라 상주에도 걸쳐 있고, 상주 쪽에서 바라보는 속리산의 풍경이 기막히기 때문이다. 상주시 화북면은 속리산, 청화산, 도장산, 시루봉 등이 병풍처럼 둘러쳐져 가히 산국(山國)이라 부를 만하다. 이곳에는 두 개의 보물이 숨어 있는데, 하나는 십승지로 알려진 우복동(牛腹洞)이고 다른 하나는 견훤산성이다. 재미있게도 두 개의 보물이 모두 속리산과 관련을 맺고 있다. 우복동이 속리산의 강한 화기(火氣)를 피해 꼭꼭 숨어 있다면 견훤산성은 속리산이 잘 보이는 장소에 터를 잡고 있다. 견훤산성은 무려 1500년이 넘은 성벽을 따라 한 바퀴 돌기에 좋은 길이다. 속리산의 웅장한 암릉미를 감상하며 견훤에 얽힌 전설과 옛 사람들의 숨결을 느낄 수 있다. 괴산에서 49번 지방도를 타고 백두대간 상의 고갯마루인 늘재를 넘으면 상주 화북 땅이다. 이곳 장암리에서 속리산으로 가는 널찍한 도로를 따르다 보면 오른쪽으로 작은 봉우리가 눈에 들어온다. 등산객들은 대개 스쳐가기 마련이지만 이곳 장바위산(541m)에 견훤산성이 있다.

'견훤산성 700m→' 작은 표지판을 따르면 곧 산길이 시작된다. 시작부터 제법 경사가 가파르다. 풍경은 소나무가 우거진 전형적인 야산의 모습이다. 숨이 턱 끝까지 차오를 무렵이면 나뭇가지 사이로 성벽이 눈에 들어오고 이어 동벽에 올라서게 된다. 산성은 출입구에 해당하는 동벽이 원형 그대로 복원됐고 나머지는 옛 모습 그대로 남아 있다. 능선을 따라 쌓은 테뫼식 산성이기에 여기서 시계방향으로 한 바퀴 돌게 된다.

빼어난 암봉인 문장대는 속리산 정상인 천황봉보다 인기가 좋다.

자연석 위에 쌓은 망대는 속리산 전망대

견훤이 산성을 쌓았다고 해서 견훤산성이라 부르지만, 산성은 삼국시대인 5~6세기 축성된 것으로 판명됐다. 이곳뿐만 아니라 상주지역의 옛 성들이 견훤과 관계 지어지는 것은 『삼국지』의 견훤과 그의 아버지 아자개가 가은 출신이란 기록 때문이다. 가은은 지금은 문경에 속하지만 당시엔 상주 가은현이었다.

성벽은 직사각형의 작은 화강암을 잘 다듬어 차곡차곡 쌓아올렸다. 마치 고른 치아처럼 보기 좋다. 중간중간 자연석 위에 돌을 쌓은 곳이 나온다. 최대한 자연지형을 그대로 이용한 흔적이다. 산의 정상으로 생각되는 지점에는 말굽형의 망대(望臺)가 돌출되어 있다. 수풀을 헤치고 망대에 서니 일필휘지로 펼쳐진 속리산의 주릉이 장관이다. 보은과 상주 일대의 많은 산을 올라봤지만, 속리산이 이렇게 웅장하고 위엄있게 보이는 곳은 없었다. 나도 모르게 손아귀에 불끈 힘이 들어간다.

그 옛날 이곳을 차지하고 새로운 왕국을 꿈꾸었던 견훤

1500년 넘는 세월을 견뎌낸 견훤산성 성벽 너머로 청화산이 보인다.

과 그 군사들은 속리산을 보며 어떤 생각을 했을
까? 이 고장에 전해오는 말에 의하면 견훤은 이
곳에 성을 쌓고 세력이 강성해져 근거지를 전주
로 옮겼다고 한다. 속리산의 힘과 기상이 그들에
게 전해졌던 것은 아닐까.

망대를 지나면 길은 내리막으로 이어지고 화북
면의 마을들, 청화산, 도장산이 훤히 보인다. 마
을 앞을 지나는 49번 지방도는 당시 신라가 북쪽
으로 오르내리는 통로였다. 이 산성을 손에 넣은
견훤은 북쪽 지방에서 경주로 향하는 공납물을
모두 거두어들였다고 한다. 가파른 길을 내려오
니 다시 동벽 앞이다.

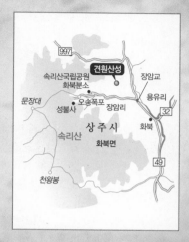

산길 친구

견훤산성 걷기는 장암리 견훤산성 이정표에서 동벽까지 30분쯤. 650m의 성벽 둘레는 한 바퀴 도는 데 30분쯤 걸린다. 좀 더 길게 걷고 싶은 사람은 속리산 문장대로 향한다. 화북면 시어동에서 문장대까지 3.3km, 2시간쯤 걸린다. 이 길은 법주사에서 오르는 길보다 짧고 완만해 많은 산꾼이 이용한다.

가는 길과 맛집
경상북도 상주시 화북면 장암리

교통
대중교통은 불편해 자가용을 이용하는 것이 좋겠다. 청원~상주간 고속도로를 이용해 화서나들목으로 나오면 화북면이 가깝다. 견훤산성은 장암교에서 속리산으로 난 길을 따라 2km 정도 오르면 이정표가 보인다.

맛집
화북면은 송어회가 유명하다. 등산로 입구의 문장대가든(054-533-8935)과 오송가든(054-533-8972)은 산꾼들이 많이 찾는 집이다. 우복동 광장마을의 청화산방(054-533-8958)은 직접 담근 메주로 내오는 된장국이 일품이고, 모든 반찬은 유기농 채소를 사용한다.

선자령의 상징인 부드러운 초원지대와 풍차. 가운데 두루뭉술한 봉우리가 선자령 정상이다.

눈, 바람, 풍차의 언덕

강원도 바우길 '선자령 풍차길'

대관령 ▶ 계곡길 ▶ 선자령 ▶ 능선길 ▶ 대관령

강릉이 고향인 소설가 이순원씨와 산악인 이 기호씨, 그리고 뜻있는 강릉 시민이 뭉쳐 바우 길 10개 코스, 총 150㎞를 개척했다. 그 길은 백두대간 대관령을 넘어 경포와 정동진 바닷 가로 이어진다. 강원도와 강원도 사람을 친 근하게 부르는 '감자바우'에서 이름을 딴 바 우길은 투박하지만 자연의 깊은 맛이 살아 있다. 바우길 첫 번째 코스가 대관령에서 선 자령(1,157m)으로 이어진 길인데, 이순원 씨 는 '선자령 풍차길'이란 멋진 이름을 붙였다. 바람이 거세기로 유명한 선자령에는 서서히 눈이 쌓이면서 설원과 풍차(풍력발전기)가 어 울린 이국적인 풍광이 펼쳐진다.

고도 높은 두루뭉술한 평지 대관령

대관령(832m)은 개마고원과 함께 우리나라의 대표적인 고위평탄면이다. 말 그대로 고도는 높은데 두루뭉술한 평지가 펼쳐진다. 수천만 년 전 지표면이 침식작용을 받아 평탄해졌다가 한 세월이 지난 뒤 지각변동에 의해 낮은 땅이 솟아 올랐다고 한다. 백두대간 능선이 흐르는 대관령을 기준으로 서쪽 일대는 고위평탄면이고, 동쪽은 급경사를 이루다 동해를 만난다. 이러한 지형적 특징으로 대관령은 남한에서 가장 먼저 서리가 내리고 툭하면 폭설이 쏟아진다. 여기에다 심심하면 몰아치는 강한 바람은 대관령 일대의 능선을 초원지대로 만들었다. 이러한 대관령의 특징을 가장 잘 보여주는 봉우리가 선자령이다. 선자령은 몇 년 전부터 겨울철 눈꽃산행 코스로 인기가 높다.

선자령 산길은 대관령에서 백두대간 능선을 타고 오르는 길뿐이었으나 얼마 전에 산림청에서 계곡길을 냈다. 소설가 이순원 씨는 두 길은 묶어서 바우길 제1코스 '선자령 풍차길'로 명명했다. 강릉으로 들어오기 전에 백두대간 산정에서 시원하게 펼쳐진 동해와 강릉을 구경하라는 뜻이다. 옛 대관령휴게소에서 시작해 선자령 계곡길과 능선길을 밟아 원점회귀하게 된다. 겨울철 선자령 산행은 눈과 바람에 대비해 반드시 아이젠과 방풍복을 준

대관령 옛길 입구

겨울철 강릉 경포호에서는 눈을 머리에 인 백두대간 대관령~선자령
~소황병산 구간이 기막히게 펼쳐진다.

비해야 한다.

선자령의 들머리는 옛 대관령휴게소에서 강릉 쪽으로 400m쯤 올라간 지점이다. 국사성황사를 알리는 거대한 비석 100m쯤 전에 '선자령 순환등산로 5.8㎞'를 알리는 이정표가 있다. 이곳 공터에서 산행이 시작된다. 눈이 살짝 덮은 길은 그윽한 숲으로 이어지고 계곡의 얼음 밑으로 물이 좔좔 흐른다. 길섶의 물푸레나무들은 계곡이 완전히 걸기 전에 서둘러 물을 빨아올리는지 나무껍질

에서 생기가 돈다. 야트막한 언덕에 오르자 철조망을 보이는데, 그 안은 양떼목장이다. 입장료 안 내고 양떼목장을 구경할 수 있는 길이 한동안 이어진다. 목장길이 끝나면 조림한 잣나무 군락지가 나오면서 삼거리를 만난다. 오른쪽은 국사성황사 방향이고 왼쪽이 선자령이다. 여기서 국사성황사를 거쳐 백두대간 능선에 올랐다가 강릉 방향으로 내려오는 코스가 바우길 제2코스 '대관령 옛길'이다. 삼거리에서 선자령 방향으로 들어서면 길은 어머니 젖가슴같이 포근한 산의 품을 파고든다. 거대한 전나무 뒤의 약수터에서 목을 축이면 이제부터는 자작나무 군락지를 지난다. 눈부신 흰 나무껍질을 가진 자작나무는 눈과 어울려야 제맛이다. 도심 공원에서 조경을 위해 심어놓은 자작나무를 볼 때마다 마음이 짠했었다. 자작나무가 참나무로 바뀌면서 숲의 호젓함은 절정을 이룬다. 잠시 걸음을 멈추고 눈을 지그시 감자 적막함이 밀려온다. 바람도, 시냇물도, 아니 세상이 잠시 멈춰선 느낌이다.

하얀 풍차들이 들어선 백두대간 능선

다시 발길을 재촉하자 능선 위의 풍차(풍력발전기)가 보이기 시작한다. 넓은 임도가 끝나는 지점이 선자령의 턱밑이다. 여기서 300m쯤 산길을 오르면 펑퍼짐한 선자령 정상이다. 북쪽으로 곤신봉, 매봉을 지나 소황병산까지 이어지는 백두대간 능선에는 하얀 풍차들이 가득 들어차 있다. 그 능선 오른쪽으로는 시퍼런 동해가 찰랑거린다. 흰 능선과 풍차, 그리고 푸른 바다의 빛깔이 잘 어울린다.

대관령 일대에 풍차가 선 이유는 연평균 초속 6.7m의 바람이 꾸준히 불기 때문이다. 국내 최대 규모를 자랑하는 대관령 풍력발전단지의 발전 용량은 소양강 다목적댐의 절반에 해당하는 98MW급인데, 이는 약 5만 가구가 사용할 수 있는 전력이라고 한다. 게다가 약 15만t의 이산화탄소 배출량을 줄이는 효과가 있으니, 기후 변화에 대응하는데 톡톡히 효자 노릇을 하고 있다.

하산은 남쪽 능선을 타고 미끄러지듯 내려오면 된다. 만약 능선에서 바람이 심하게 불고 시야가 좋지 못할 때는 올라온 길을 되짚어 내려가는 것이 현명하다. 능선 초원지대를 40분쯤 내려오면 길이 양쪽으로 갈린다. 길은 나중에 합류하지만 새봉 전망대를 거치려면 왼쪽 길을 택해야 한다. 눈 쌓인 오르막을 힘겹게 오르면 나무 데크로 전망대를 세운 새봉이다. 전망대에 서면 동해와 강릉이 손에 잡힐 듯 가깝다. 유장하게 흘러가는 남대천과 경포호를 보고 있노라면 "아~ 강릉에 가고 싶다"는 말이 저절로 튀어나온

다. 새봉을 내려와 대관령산신 김유신과 국사성황신 범일국사를 모신 국사성황사를 거치면 다시 옛 대관령휴게소로 내려오게 된다.

울창한 숲이 일품인 국사성황사

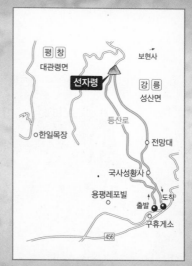

산길 친구

강원도 바우길에서는 이순원 작가와 이기호 대장 등 회원들이 정기적으로 바우길을 답사한다. 누구나 참여할 수 있다. 강원도 바우길 카페 http://cafe.daum.net/baugil

가는 길과 맛집
강원 평창군 대관령면 횡계리

교통
자가용은 영동고속도로를 이용해 횡계 나들목으로 나온다. 이어 횡계 시내로 들어가기 전에 왼쪽 496번 지방도를 타고 7분쯤 가면 옛 대관령휴게소와 국사성황사 입구가 차례로 나온다. 대중교통은 동서울종합터미널(1688-5979)에서 횡계까지 온 다음에 택시를 이용한다. 버스는 40분 간격으로 있다. 횡계 개인택시 033-335-6263. 택시요금 8,000원선.

맛집
산행 후에는 강릉으로 이동해 바다 구경도 하고, 뒤풀이를 하는 게 좋겠다. 강릉 시내 옥천동의 왕숯불구이(033-646-0901)집은 생고기두루치기가 일품인 맛집이다. 두루치기는 신 김치의 새콤하면서 개운한 맛과 생돼지고기의 쫄깃한 맛이 기막히게 어우러진다. 1인분 6,000원.

세계자연유산으로 등재된 제주의 자랑인 성산일출봉. 바다에서 치솟은 이 오름은 왕관을 쓴 경이로운 모습으로
주변을 압도한다.

새해 새 희망을 주는
왕관 오름

제주 성산일출봉

매표소 ▶ 곰바위 ▶ 일출봉 ▶ 매표소

제주의 대표적인 관광 명소인 성산일출봉은 신년 해맞이 장소의 원조격이다. 전국적으로 해맞이 축제가 유행하기 전부터 꾸준한 인기를 누려왔다. 성산 일대는 날이 따뜻하고 볕이 잘 들어 그런지 유독 밝고 따뜻한 기운이 감돈다. 그래서 사람들은 일출봉에 올라 해를 맞고, 주변 산책로를 거닐며 "걱정하지마, 올 한 해도 잘 될 거야~" 하는 희망을 품고 돌아간다.

산행 도우미

▶ 걷는 거리 : 약 2㎞
▶ 걷는 시간 : 30분~1시간
▶ 코   스 : 매표소~곰바위~
　　　　　　 일출봉~매표소
▶ 난 이 도 : 쉬워요
▶ 좋을 때 : 사계절 좋아요

노을 속에 드러나는 동부 오름들의 스카이라인

바다에서 치솟은 오름

제주 동부 지역에서 성산일출봉은 독보적인 존재다. 구좌, 수산, 성읍, 표선 그 어느 방향에서 오든지 바닷가에 왕관처럼 솟아난 일출봉의 모습에 감탄하기 마련이다. 성산일출봉 주차장에서 바라보면 봉우리가 까마득히 높아 보인다. 하지만 높이는 불과 182m. 간혹 일출봉이 높아서 안 올라간다는 관광객이 있는데, 그 생김새에 기가 눌린 까닭이다.

성산(城山)은 말 그대로 일출봉이 성처럼 둘러쳐져 있다 하여 붙은 이름이다. 실제로 일출봉은 바다에서 봐도, 마을에서 봐도, 전망대에 올라 봐도

난공불락의 고성(古城)처럼 경이롭다. 매표소를 지나 몇 발자국 가면 순간 가슴이 시원하게 뚫린다. 일출봉 아래로 널찍한 잔디밭이 유감없이 펼쳐지기 때문이다. 잔디밭을 관통해 이어지는 길을 따르면 왼쪽으로 산책로가 보이고, 바다 건너편으로 우도가 살짝 머리를 내민다. 이곳 산책로는 내려오면서 둘러보는 게 순서다. 상쾌한 바닷바람을 맞으며 길을 재촉하면 어느새 계단이 시작된다. 지그재그로 이어진 계단길에 숨이 차오를 무렵, 희한하게 생긴 바위가 길을 막는다. 바위는 꼭 짐승의 얼굴처럼 보이는데, 곰바위란 안내판이 보인다. 이곳 벤치에 앉으니 성산 마을이 한눈에 들어온다. 일출봉은 약 5만~12만 년 전 얕은 수심의 해저에서 화산이 분출되면서 만들어졌다. 본래는 육지와 떨어진 섬이었다. 차츰 일출봉과 본섬 사이에 모래가 쌓이기 시작했고 세월이 흐르면서 지금의 모습이 되었다. 그래서 마을 시내 뒤로는 바다가 들어와 있고, 왼쪽으로 광치기 해안을 따라서 이어진 길과 본섬이 간신히 이어지는 신비로운 모습을 볼 수 있다.

동부 오름들의 기막힌 스카이라인

지난 겨울, 해가 저물 무렵에 일출봉의 숨은 진가를 발견했다. 그것은 아이러니하게도 일출봉에서 본 일몰이었다. 구름에서 나온 석양은 바다로 떨어지기 직전 마지막 젖먹던 힘을 다해 동부 산간 지대를 비추었다. 그 빛에 동부 지역에 몰려 있는 영주산, 좌보미오름, 백약이오름, 동거미오름, 높은오름, 용눈이오름, 다랑쉬오름, 말미오름, 지미봉 등의 기막힌 스카이라인이 펼쳐졌다. 올망졸망한 오름들은 그야말로 제각각이었다. 어떤 것은 고개를 들었고, 어떤 것은 납작 엎드렸으며, 콧날처럼 솟았

일출봉 정상에서 본 어선들의 집어등   일출봉 산책로에서 본 우도

거나 누웠고, 또 어떤 것은 비스듬했다. 그리고 그 뒤로 오름 왕국의 어머니 한라산이 백발이 성성한 모습으로 서 있었다. 잊지 못할 감동적인 풍경이었다. 곰바위에서 급경사를 좀 오르면 정상 전망대다. 일출봉 분화구는 생각보다 넓다. 동서 450m, 남북 350m로 둥근 형태를 이루고 있다. 99개의 크고 작은 바위로 둘러싸여 있고, 깊이는 100m에 이른다. 분화구 안에는 풍란 등 희귀식물 150여종이 분포하고 있다고 한다.

이곳 전망대는 1월 1일이면 어둑새벽부터 발 디딜 틈 없이 사람들로 가득 찬다. 분화구 너머 바다에서 치솟는 해돋이는 그야말로 장관이다. 하지만 이곳에서 일출을 못 봤다고 서운해할 것은 없다. 근처의 광치기 해안이나 섭지코지에서도 기막힌 일출을 볼 수 있다.

일출봉을 내려와 산책로로 발길을 옮긴다. 해안을 따라 이어진 이 길이 제주에서 손꼽히는 아름다운 곳이다. 여름은 시원하고 겨울에는 훈훈한 바람이 분다. 우도가 바다 건너편에서 어서 오라 손짓하며, 일출봉이 감춰둔 해안절벽을 보여준다. 이 길을 걷다 보면 옆 사람의 손을 잡거나 팔짱을 끼고 싶다. 그렇게 천천히 풍경을 음미하며 일출봉과 작별을 고한다.

산길 친구

성산일출봉은 2007년 한라산, 거문오름(용암 동굴계)과 함께 세계자연유산으로 등재됐다. 일출봉은 전망대까지 오르는 데 30분쯤 걸린다. 좀 더 걷고 싶은 사람은 일출봉~광치기 해안~섭지코지 해안 길을 따른다. 총 3시간가량 걸리고, 다양하게 변모하는 일출봉의 모습과 바닷가의 정취를 만끽할 수 있다.

제주국제공항
제주시
한라산국립공원
서귀포시
해안도로
우도
광치기 해안 · 성산일출봉
섭지코지

가는 길과 맛집

제주특별자치도 서귀포시
성산읍 성산리

교통

김포, 청주, 부산 등에서 비행기를 타거나 부산, 완도 등에서 배를 타고 제주시까지 간다. 제주시외버스터미널(064-753-1153)에서 성산행 버스가 수시로 다닌다.

맛집

제주 겨울 바다는 방어가 주인공이다. 방어는 씹히는 질감이 있으면서도 부드러워 인기가 좋다. 광치기 해안의 해변공원 옆에 자리잡은 광치기해산물촌(011-9660-3884)이 숨은 맛집이다. 방어가 싱싱하고, 전복죽과 성게칼국수도 잘한다.

만세동산의 구상나무숲. 한라산의 풍만한 허리를 따라 도는 윗세오름 코스는 부드러운 눈길을 걸으며 겨울의 정취를 만끽할 수 있다.

설문대할망 엉덩이처럼
탐스런 눈길

제주 한라산 윗세오름

어리목 ▶ 윗세오름 ▶ 영실

산행 도우미
- ▶ **걷는 거리** : 약 8.4km
- ▶ **걷는 시간** : 3시간 30분~4시간
- ▶ **코　　스** : 어리목~윗세오름
　　　　　　~영실
- ▶ **난 이 도** : 무난해요
- ▶ **좋을 때** : 철쭉 피는 6월, 또는
　　　　　　겨울에 좋아요

한라산은 강원도 대관령과 울릉도 나리분지 못지않은 다설 지역이다. 11월 중순에 내리기 시작한 눈은 이듬해 3월까지 내리면서 쌓인다. 그래서 제주 어느 곳에서나 눈을 머리에 인 한라산을 볼 수 있고, 그 품에서 설국의 정취를 만끽할 수 있다.

드넓은 설원 위로 솟은 백록담 화구벽

제주의 겨울은 기온이 영하로 내려가는 날이 몇 번 없을 정도로 따뜻하지만, 1,950m 높이의 한라산은 툭하면 폭설이 쏟아진다. 2005년 12월과 이듬해 1월 사이에는 무려 2.2m의 기록적인 적설량을 보이기도 했다. 폭설이 내린 뒤 맑게 갠 한라산 풍광은 히말라야와 알프스가 부럽지 않을 정도로 아름답다.

한라산의 등산 코스는 크게 두 가지. 성판악~백록담~관음사 코스와 어리목~윗세오름~영실 코스가 그것이다. 그중 눈길을 걷기에는 백록담 정상 코스보다 한라산의 풍만한 허리를 따라 도는 윗세오름 코스가 좋다. 이 길은 전체적으로 완만해 산행 부담이 없고, 온통 하얀 눈나라 속에서 악마의 성처럼 솟구친 백록담 화구벽의 경이로운 모습을 만날 수 있다.

등산로 들머리인 어리목 광장(970m)은 겨울철이면 아이들의 놀이터로 변한다. 아이들이 눈사람을 만들고 눈싸움하는 모습은 언제나 흐뭇하다. '세계자연유산'이라고 써진 거대한 간판 뒤에서 산길이 시작된다. 한라산의 가장 큰 가치는 다양하면서 독특한 생태계라 할 수 있다. 우리나라에서 자라는 4,000여 종의 식물 가운데 1,800여 종이 한라산 자락에서 자란다. 게다가 한라산 특산 식물만 무려 70여 종이니 그야말로 희귀식물 자원의 보고다.

숲이 우거진 산길로 들어서면 눈꽃 터널이 시작된다. 이 터널은 사제비동산까지 1시간가량 이어진다. 앞에 가던 사람들이 스틱으로 눈 쌓인 나뭇가지를 건드리자 머리 위로 눈폭탄이 떨어진다. 깔깔깔깔 사람들의 웃음소리가 눈밭을 구른다. 비탈길을 오르다 보면 유독 특이하게 생긴 나무가 나타나는데, 나이가 500살이 넘은 송덕수(頌德樹)다. 제주에 흉년이 들면 이 물참나무가 열매를 떨어뜨려 백성들이 굶어 죽는 것을 면하게 해주었다고 한다. 송덕수 아래서 잠시 한숨을 돌리고 조금 더 다리품을 팔면 갑자기 나무들이 사라지고 시야가 뻥 뚫린다. 사제비동산(1,428m)이다.

사제비동산에 들어서면 한라산은 수고했다는 듯 사제비약수를 내놓는다. 달콤하게 목을 축이고 다시 30분가량 평탄한 길을 따르다 보면 눈 덮인 구

어리목 입구에서 사제비동산으로 가는 길의 눈꽃터널

상나무숲이 나타난다. 구상나무는 우리나라에서만 자라는 특산식물이다. 특히 윗세오름 아래 1,500~1,600m 고지의 만세동산 구상나무숲이 유명해 서양 관광객들은 일부러 제주를 찾기도 한다. 눈과 바람을 온몸으로 두들겨 맞은 구상나무에는 한라산의 야성이 새겨져 있다. 지난밤 몰아친 혹독한 눈보라를 이겨내고 의연하게 서 있는 구상나무들은 참으로 감동적이다. 그 뒤로 백록담 화구벽의 웅장한 풍경이 드러나면 '우와~' 하는 감탄사가 절로 나온다. 이 풍경이 제주 10경 가운데 7경인 녹담만설(鹿潭晚雪)이다. 백록담에 눈이 덮여 장관을 이루는 경치는 이곳 만세동산(1,606m)에서 보는 것이 으뜸이다.

한라산을 깔고 앉아 빨래하는 설문대할망

눈보라가 나무들을 눈괴물로 만들었다.

폭설이 내린 후의 어리목 광장은 아이들의
눈사람 만들기로 부산하다.

만세동산부터 윗세오름 대피소 (1,700m)까지는 평지와 다름없다. 백록담 옆으로 저마다 독특한 생김새를 자랑하는 민대가리오름, 장구목, 어슬렁오름, 윗세오름 등을 구경하다 보면 어느새 윗세오름 대피소에 도착한다. 이곳 대피소가 어리목 코스의 종점이다. 대피소에서 점심을 먹고, 하산은 영실 방향으로 잡는다.

윗세오름을 오른쪽으로 끼고 크게 돌면 샘터가 나온다. 이른 아침에 노루들이 목을 축인다고 해서 노루샘이다. 노루샘부터 병풍바위까지는 만세동산처럼 시원한 설원이 펼쳐지는데, 이곳이 그 유명한 선작지왓이다. 봄여름으로 털진달래와 철쭉이 장관으로 펼쳐지는 곳이다. 이 길은 걷다 보면 부드러운 눈 언덕에 드러눕고 싶다. 누워보면 시퍼런 하늘이 유감없이 펼쳐지며 알 수 없는 희열이 솟구친다.

다시 길을 걷다 뒤를 돌아보면 풍만하게 살찐 윗세오름과 방애오름이 보기에 좋다. 두 봉우리의 빵빵한 곡선을 보고 있자니, 그 옛날 한라산을 깔고 앉아 한 발은 제주도 앞바다의 관탈섬에, 다른 발은 마라도에 얹고 빨래를 했다는 설문대할망의 엉덩이가 떠오른다. 설문대할망이 소변을 보자 땅이 파이면서 우도가 만들어졌다니, 제주 옛 사람들의 상상력은 참으로 해학적이며 호탕하다.

병풍바위에서 급경사를 내려오면서 눈을 뒤집어쓴 영실기암을 구경하고, 분위기 그윽한 아름드리 적송 지대를 통과하면 산길은 끝이 난다. 한라산이 아니라면 어디에서 이토록 부드러운 눈길을 걸을 수 있을까?

산길 친구

어리목 광장에서 윗세오름 대피소까지 4.7㎞, 2시간쯤, 대피소에서 영실까지 3.7㎞, 1시간 30분가량 걸린다. 산세가 완만하고 부드러워 아이들도 무리 없이 걸을 수 있다. 강한 바람에 대피해 방풍복을 준비하는 것이 좋다. 점심을 준비하지 못한 사람은 윗세오름 대피소에서 컵라면으로 해결할 수 있다. 2009년 12월 돈내코 코스가 개방되어 윗세오름과 산길이 연결됐다. 따라서 어리목에서 윗세오름까지 오른 후에 돈내코로 내려올 수 있다. 윗세오름~돈내코는 9.1㎞, 4시간쯤 걸리므로 체력과 시간 여유가 있어야 한다.

한라산 돈내코 코스

가는 길과 맛집
제주특별자치도 제주시 해안동

교통
김포, 청주, 부산 등에서 비행기를 타거나 부산, 완도 등에서 배를 타고 제주에 도착한다. 산행 들머리가 되는 어리목과 영실로 가는 시내버스는 제주시외버스터미널(064-753-1153)에서 8:00 9:00 10:00 11:00 12:20 13:40 15:00에 있다. 어리목까지 약 35분, 영실까지는 약 50분쯤 걸린다.

맛집
제주의 맛으로 흑돼지를 빼놓을 수 없다. 제주공항에서 가까운 노형동의 제주늘봄(064-744-9001)은 남원읍 한라산 자락에서 자란 육질 좋은 재래 흑돼지를 내놓는 맛집이다. 서귀포시 상예동의 쉬는 팡가든(064-738-5833)도 유명하다.

오름에 올라 오름을 굽어보는 맛이 특별하다. 따라비오름에 서면 북서쪽으로 오름 1번지 구좌읍 송당의 높은오름, 백악이오름, 좌보미오름의 스카이라인이 기막히게 펼쳐진다.

여섯 봉우리, 세 개 굼부리가 빚어내는 곡선미

제주 따라비오름

가시리 ▶ 정상 ▶ 가시리

1995년쯤, 처음으로 제주 오름을 올랐는데 너무 좋아 눈물이 났다. 초원의 부드러운 곡선과 시원한 전망, 말과 소가 풀을 뜯는 한가로운 시간, 무덤과 오름이 자연스럽게 어울린 풍경… 그야말로 제주에서만 느낄 수 있는 독특한 정취가 살아 있었다. 제주에 대략 368개의 오름이 있다는 말을 듣고 입이 쩍 찢어졌다. 그 후 제주에 갈 때마다 오름을 찾았고, 오름은 히말라야와 알프스에 견줄 만한 우리의 자랑스러운 자산임을 확신할 수 있었다. 2000년 들어 오름을 찾는 사람들이 조금씩 늘어났고, 제주올레가 폭발적인 인기를 끌면서 오름역시 널리 알려지게 되었다.

구불구불 농로를 따라 찾아가는 맛

서귀포시 표선면 가시리에 자리잡은 따라비오름은 가을철 억새가 좋은 오름으로 유명하지만, 겨울철에 눈과 어울린 풍경도 빼어나다. 따라비오름의 들머리는 가시리와 성읍2리 두 군데가 있지만, 겨울철에는 접근하기 쉬운 가시리 쪽이 좋겠다. 따라비오름의 높이는 342m, 실제 오르는 높이는 100m가 좀 넘고 한 바퀴 돌고 내려오는데 2시간이면 넉넉하다. 따라비란 이름은 여러 설이 있는데, '땅할아버지'에서 나온 것이 설득력이 있다. 주변에 모지(어머니)오름, 장자(큰아들)오름, 새끼오름 등이 있어 오름 가족을 이루고 있다.

정석비행장 남쪽 가시리 사거리에서 성읍 방향으로 100m쯤 가면 좌측으로 시멘트 포장된 농로가 보인다. 농로 앞에는 '따라비오름 가는 길 약 2㎞'라고 파란색 페인트로 쓴 작은 팻말이 보인다. 주민들이 고맙게도 오름 입구를 알려준 것이다. 오름은 들머리를 찾는 것이 중요하다. 입구만 찾으면 오름 오르기는 누워 떡 먹기다.

농로는 굽이굽이 이어지면서 모퉁이를 돌 때마다 다양한 오름을 보여준다. '저곳이 따라비오름인가?' 하면 길은 다시 다른 오름을 보여주고, 이렇게 몇 번 헛다리를 짚다 보면 주차장에 도착한다. 최근에 주차장 옆에 따라비오름 안내판이 세워졌다. 이곳에서 보면 따라비오름의 남사면이 보이는데, 펑퍼짐한 것이 별 볼일 없어 보인다.

오름 탐방에 나서면 우선 철조망이 앞을 막는다. 오름에서 만나는 철조

겨울 오름은 눈과 초원이 어우러져 독특한 분위기를 내뿜는다. 따라비오름은 세 개의 굼부리가 붙어 있는 독특한 구조를 이룬다.

망은 소와 말의 이동을 막기 위한 것이므로 사람들은 철조망을 피해 들어가면 된다. 철조망을 지나면 왼쪽으로 '수렵금지'를 알리는 노란 안내판 옆으로 등산로 입구를 알리는 작은 팻말이 붙어 있다. 그곳을 지나면 본격적인 오르막이 시작된다. 소나무와 억새 사이를 10분쯤 오르다 뒤를 돌아보니, 멀리 태흥리와 남원리 바다가 아스라하다. 출발할 때부터 심상치 않았던 바람이 떼거리로 몰려와 귀때기를 사정없이 후려친다.

설문대할망 치마에서 떨어진 흙이 오름이 돼

"이 정도는 바람 축에도 못 껴요."

마침 내려오던 제주 토박이들이 바람에 절절매는 필자에게 한 마디 던지고는 웃으며 사라진다. 제주에 바람, 여자, 돌이 많아 삼다도라니… 제주에 많은 것은 이뿐만이 아니다. 오름도 많고, 조랑말도 많고, 제주의 설화에 등장하는 신들도 무진장 많다. 제주 설화에 의하면 설문대할망이 한라산을 만들려고 치마폭에 담아온 흙이 떨어져 오름이 생겼다고 한다.

능선에 올라붙자 전망이 드러나기 시작한다. 밑에서 보던 것과는 딴판으로 많은 봉우리와 굼부리(분화구)를 거느리고 있다. 오름의 곡선미는 용눈이오름을 최고로 치지만, 따라비오름도 만만치 않다. 붉은 돌을 쌓아올린 방사탑에 서자 오름의 전체 윤곽이 잡힌다. 신기하게도 굼부리가 셋이고 그것을 감싸는 능선이 오밀조밀 부드러운 곡선을 그리고 있다. 자세히 보니 세

개의 굼부리가 만나는 지점이 움푹 들어갔
는데, 거기에 무덤이 자리잡았다. 굼부리 안
에는 드문드문 방사탑이 세워져 있다. 방사
탑은 제주 사람들이 풍수지리적인 비보(裨補)
와 마을의 안녕을 기원하기 위해 세운 탑이
다. 아마도 이곳에서 말을 키우던 말테우리
(말몰이꾼)들이 소원을 염원하며 쌓은 듯하다.

오름 들머리인 가시리 오거리

오름 1번지 송당 오름들의 스카이라인

　　　　이제부터는 오름을 시계반대 방향
으로 돌면서 펼쳐진 조망을 감상한다. 첫 봉
우리에 올라서니 동쪽 가까이 모지오름의 큰
품이 보인다. 그 뒤로 영주산이 살짝 고개를
내밀었고, 멀리 우도의 우도봉 머리가 가물
거린다. 저물 무렵에는 우도봉 등대가 불 밝
히는 모습이 보기 좋겠다. 너울너울 구릉을
따라 굼부리를 내려갔다가 올라오니 북서쪽

방사탑에서 보면 따라비오름의 봉우리와
봉우리 사이로 주변의 크고 작은 오름이
들어찬 모습이 보인다.

으로 제주 오름 1번지라 알려진 구좌읍 송당 일대의 높은오름, 백약이오
름, 동검은오름, 좌보미오름 등의 오묘한 스카이라인이 펼쳐진다. 따라비
오름에서 만난 가장 멋진 풍광이다.
계속 길을 따르면 어느덧 세 개의 굼부리가 만나는 무덤에 이른다. "제주
사람들은 오름에서 태어나 오름으로 돌아간다"는 말처럼 오름과 무덤이
어우러진 풍경은 참으로 편안하다. 무덤을 지나면 다시 방사탑으로 돌아
오게 된다. 방사탑에서 보면 따라비오름의 봉우리와 봉우리 사이로 주변의
크고 작은 오름이 들어찬 모습이 보인다. 오름에서 정상과 중심이란 것은
중요하지 않다. 천차만별의 생김과 크기를 가진 오름들은 서로 배경이 되
어 절묘한 아름다움을 빚어낸다. 그래서 제주 오름이 참 좋다.

산길 친구

가시2리 따라비오름 주차장에서 오름 위의 능선까지는 30분쯤 걸린다. 이후 능선을 한 바퀴 돌게 되는데, 천천히 걸으면 2시간쯤 걸린다.

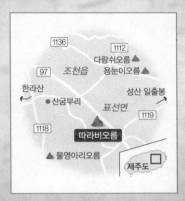

지도 내 표기:
1136
1112
다랑쉬오름 ▲
97
조천읍
용눈이오름 ▲
한라산
성산 일출봉
● 산굼부리
표선면
1119
1118
따라비오름 ▲
제주도

▲ 물영아리오름

가는 길과 맛집
제주특별자치도 서귀포시
표선면 가시리

교통
대중교통은 불편해 자가용을 가져가야 한다. 따라비오름은 아직 내비게이션이 정확한 위치를 잡지 못한다. 가시리 사거리에서 성읍 방향으로 100m쯤 가면 길 건너편으로 작은 농로가 보인다. 자세히 보면 '따라비오름'을 알리는 이정표가 서 있다. 그 길을 2.8km쯤 따르면 주차장에 닿는다.

맛집
가시리의 가시식당(061-787-1035)은 허름한 동네식당이지만, 입소문이 나 일부러 찾아가는 사람들이 많아졌다. 두루치기, 순댓국밥이 저렴하면서 맛있다.

김일성 별장 옥상에서 바라본 화진포의 산, 호수, 바다 풍경. 철썩거리는 에메랄드빛 바다와 얼어붙은 호수 뒤로 흰 눈을 인 백두대간이 북진해 금강산을 만난다.

흰 산, 쪽빛 바다, 투명 호수
3색 절경

고성 '관동별곡 800리 길'

화진포해수욕장 ▶ 김일성 별장 ▶ 화진포 ▶ 거진항

강원도 최북단 고성하면 비무장지대나 북한으로 가는 길목으로 생각하기 쉽지만, 의외로 좋은 곳이 많다. 대표적인 곳이 최근 강원도가 지정한 '동해안 팔경'에 이름을 올린 화진포다. 겨울 화진포에는 짙은 에메랄드빛 바다가 찰랑거리고, 드넓은 호수에 철새들이 날아들며, 흰 눈을 머리에 인 백두대간 능선이 병풍처럼 두르고 있다. 화진포에서 거진항까지 이어진 길은 바다와 산맥 사이를 걷는 맛이 아주 특별하다.

산행 도우미

- ▶ 걷는 거리 : 약 4㎞
- ▶ 걷는 시간 : 2시간
- ▶ 코　　스 : 화진포해수욕장~김일성 별장~화진포~거진항
- ▶ 난 이 도 : 쉬워요
- ▶ 좋을 때 : 겨울에 좋아요

옛 권력자들 별장이 모인 화진포

3년 전쯤인가, 고성의 화진포와 거진항 일대를 둘러보고 깜짝 놀랐다. 예상외로 바다보다 산이 멋있었기 때문이다. 특히 수묵화 같은 겨울 산맥이 북진해 금강산을 만나는 모습은 감동적이었다. 최근에 화진포에서 거진항까지 걷는 길이 있다는 소식을 듣고 귀가 솔깃했다. 그것은 강원도가 개척 중인 '관동별곡 800리 길'로, 송강 정철이 유람 다니며 『관동별곡』을 지은 해안길을 따른다. 그중 화진포에서 거진항까지 이어진 길은 약 4㎞, 1시간 30분쯤 걸린다.

출발점인 화진포해수욕장은 눈부신 모래밭이 시원하게 펼쳐진다. 백사장 길이 1.7㎞에 넓이는 약 70m, 울창한 송림으로 뒤덮여 분위기가 평안하다. 다른 곳에 비해 유독 흰 모래밭을 걷다 보면 '사각'거리는 소리가 크게 들린다. 『택리지』의 저자 이중환은 이를 "우는 모래, 명사(鳴砂)"라 했고, 여기서 명사십리(明沙十里)란 말이 나왔다. 하지만 진짜 감동적인 것은 물빛이다. 짙은 에메랄드빛, 물에 푼 잉크빛 등이 서로 어우러진 모습은 이곳이 우리나라인가 싶다. 앞에 보이는 작은 섬은 금구도(金龜島). 바다를 향해 나아가는 거북이 모양으로 광개토대왕의 무덤이라는 이야기가 전해진다.

화진포는 일제시대 외국인이 머물던 유명한 휴양지다. 당시 최고의 휴양지였던 원산 명사십리해수욕장이 일제의 병참기지가 되면서 그 대안으로 화진포가 개발된 것이다. 해변을 따라 남쪽으로 걸어가면 작은 야산을 등대고 앉은 '김일성 별장'을 만난다. 1938년에 지어진 이 건물은 당시 휴양촌의 예배당이었다. 한국전쟁 중 화진포 지역이 잠시 북한 땅에 속했을 때 김일성 전 주석이 가족과 함께 이곳 '귀빈관'에 며칠 묵었다고 한다. 그래서 김일성 별장으로 불리다 지금은 역사안보전시관으로 재단장돼 '화진포의 성'이라는 새 이름을 얻었다.

김일성 별장의 진가는 옥상에 있다. 옥상에서 바라다 본 흰 백두대간 능선이 달려가는 모습은 참으로 경이롭다. 그 앞으로 화진포가 보이고, 오른쪽으로는 바다가 철썩거린다. 그야말로 산, 바다, 호수가 어울린 화진포의 진면목이다. 북으로 뻗어가는 산줄기를 따라가면 채하봉~집선봉~옥녀봉 등 외금강 봉우리가 보이고, 바다 쪽으로는 깨알만하게 해금강이 아스라하다.

별장에서 내려오면 울창한 송림 사이에 이기붕 별장이 있다. 김일성 별장이 호탕하다면 이기붕 별장은 평온하다. 여기서 1km쯤 떨어진 화진포 옆의 이승만 별장은 호젓한 맛이 돋보인다. 세 개 별장의 입지 조건과 풍기는 분위기를 비교하는 것도 재미있다.

이기붕 별장을 나오면 화진포를 만난다. 이제부터는 호수를 따라가는 길이다. 비록 도로를 따르지만 차가 뜸하고 화진포를 감상하는 맛이 괜찮다. 화진포란 이름은 해당화가 가득하다고 해서 붙여졌고, 호수 둘레가 16km로 동해안 석호 가운데 가장 크다. 염분 농도가 짙어 겨울철에도 잘 얼지 않

거진등대공원의 상징인 인어상

지만, 최근 혹독한 추위에 하얗게 얼어붙었다. 갑자기 머리 위에서 들리는 끼룩끼룩 철새 울음소리, 한 무리가 V 편대를 이루며 북쪽으로 날아간다. 호수를 지나면 삼거리, 거진항 이정표를 따라 왼쪽으로 접어들어 야트막한 고개를 넘으면 공군부대 앞이다. 여기서 거진항 방향으로 20m쯤 가면 오른쪽으로 '거진등대공원 등산로(관동별곡 800리 길) 약 2km, 30분 소요'라고 써진 이정표를 만나면서 산길로 올라붙는다.

겨울 포구의 정취가 넘치는 거진항

옛 군부대 자리를 따르는 산길은 황량하지만, 오른쪽으로 시종일관 웅장한 백두대간 줄기를 바라보게 된다. 주의할 곳은 묘지 앞 갈림길. 오른쪽이 길이 넓고 좋아 그리로 빠지기 쉬운데, 등대공원으로 가려면 묘지 방향인 왼쪽 길을 잡아야 한다. 이어진 나무계단을 내려오면 등대공원 영역으로 들어선다.

화진포해수욕장에서 만난 일출. 핏빛 노을 속에 철새 때가 날아간다.

이제부터는 왼쪽으로 바다가 펼쳐진다. 왼쪽에 바다, 오른쪽에 백두대간 능선을 바라보는 멋진 길이다. 등대공원의 상징인 정자 뒤편에 인어상이 숨어 있다. 슬픈 눈을 한 인어상 너머는 망망대해다. 다시 정자로 돌아와 계속 능선을 따르면 무인등대인 거진등대가 나온다. 입구가 잠겨 있어 가까이 갈 수 없다. 대신 등대 뒤편으로 가면 시야가 트이면서 거진항이 펼쳐진다. 거진항은 포구 뒤편으로 웅장한 백두대간 능선을 병풍처럼 두르고 있어 신기하다. 이어진 철계단을 내려서면 거진항 활어센터 앞이다. 걷기는 끝났지만 발걸음은 저절로 거진항 방파제를 따르게 된다. 화진포도 좋지만, 거진항도 참 멋지다.

산길 친구

'화진포의 성'(김일성 별장)을 나와 오른쪽 호수를 따라 20분쯤 가면 이승만 별장에 닿는다. 이승만 별장을 구경하려면 1시간을 더 잡아야 한다.

지도 내 지명:
- 화진포해수욕장
- 화진포의 성 (김일성 별장)
- 금강산 자연사 박물관
- 화진포
- 해안도로
- 거진등대공원
- 거진등대
- 거진항
- 강 원 도
- 7
- 원당리
- 거진해수욕장
- 거진읍

가는 길과 맛집
강원도 고성군 거진읍 화포리

교통
자가용은 경춘고속도로 동홍천 나들목으로 나와 인제, 진부령을 넘어 거진항에 이른다. 거진항에서 해안도로를 타고 10분쯤 가면 화진포다. 대중교통은 속초에서 1번, 1-1번 버스를 타고 거진항을 지나 대진고등 학교 앞에서 내린다. 학교 앞에서 900m쯤 가면 화진포다.

맛집
산행이 끝나는 거진항은 포구의 정취를 느끼며 한잔하기 좋다. 거진항 활어센터의 횟집들은 남편이 직접 잡은 자연산 활어를 부인들이 판다. 소영횟집(033-682-1929)의 도치알탕도 유명하다.

덩그러니 남은 석탑과 그 너머 펼쳐진 가리봉 능선의 빼어남은 하염없이 그 자리를 지키게 한다.

폐허에서 울리는 전율

설악산 한계사지

장수대 입구 ▶ 한계사지 ▶ 장수대 입구

설악산에 폭설이 내렸다는 소식이 들리면 생

각나는 곳이 있다. 눈이 소복이 덮인 한계사

절터. 설악산 한계령 아래 장수대, 여기서 절

터까지는 불과 200m가 안 된다. 하지만 이

짧은 길은 시공을 초월해 눈부신 폐허의 공간

으로 이어진다.

산행 도우미
▶ 걷는 거리 : 약 200m
▶ 걷는 시간 : 30분
▶ 코 스 : 장수대 입구~한계사지
　　　　　 ~장수대 입구
▶ 난 이 도 : 쉬워요
▶ 좋을 때 : 겨울에 좋아요

한계령 아래 숨은 절터

설악산은 전문 산꾼에서부터 나이 지긋한 노인에 이르기까지 한국인들이 가장 사랑하고 즐겨 찾는 산이다. 설악산은 크게 외설악과 내설악, 남설악(점봉산 일대)과 가리봉 능선으로 나누어지고 이들은 제각기 독특한 아름다움으로 사람들을 유혹한다. 외설악이 화려하다면 내설악은 고요하고, 남설악이 웅장하다면 가리봉 능선은 장쾌하다.

한계령은 내륙과 바다를 연결하는 설악산의 대표적인 고개이고, 그 고갯마루는 설악산을 구성하는 세 줄기 산군들의 분수령이 된다. 한계령 북쪽으로는 장쾌한 설악산 서북능선이 흘러가고, 남쪽으로 부드러운 점봉산 능선이 시작되며, 서쪽으로는 필례령을 지나 가리봉 능선이 물결 친다.

"한계사지를 아십니까?"

설악산을 수백 번 가봤다는 설악산 도사들도 한계사지란 말에 고개를 갸우뚱한다. 한계사지는 한계령 서쪽, 설악산 서북릉과 가리봉 능선의 가랑이 사이에 은밀하게 숨어 있다. 이곳은 변변한 안내판 하나 없어 어쩌다가 우연히 만날 수 있는 그런 곳이 아니다. 오직 입에서 입으로만 알려진 곳이다.

인제에서 한계리를 지나면 쇠리, 옥녀탕, 장수대가 차례대로 나타난다. 장수대는 불쑥 솟은 기둥같이 깎아지른 암벽이 마치 장군과도 같다 하여 붙여진 이름이다. 설악산국립공원 장수대관리사무소 옆으로 들어가면 갈림길이다. 여기서 왼쪽 길을 따라 좀 오르면 흉가처럼 남아 있는 옛 설악산관리사무소 건물이 나오고, 이곳을 지나면 갑자기 양지바른 평지가 나타나는데 여기가 바로 한계사지다.

절터를 찾았을 때 밤새 쏟아진 눈이 건물과 기단 흔적을 말끔히 덮어버렸다. 오직 흰 모자를 쓴 탑 하나만이 덩그러니 남아 이곳이 절터임을 증거하고 있었다. 절터는 폐허의 공간이다. 하지만 소복한 눈이 쌓인 폐허는 태

눈사람 하나를 올려놓았더니 탑에 생기가 돈다.

초의 공간처럼 신성으로 빛났다.

석탑 너머 지금 막 땅에서 솟아난 듯한 가리봉과 삼형제봉의 수려한 자태에 입이 쩍 벌어졌다. 설악산의 가리봉 능선이 이처럼 힘차고 아름다운 줄 비로소 알았다. 그 풍경은 시신경을 통해 대뇌로 전달되었고, 놀란 뇌에서 울리는 '찌잉~' 소리가 온몸으로 퍼지면서 몸이 부르르 떨렸다. 마치 추운 날 오줌을 눈 후에 몸이 떨리듯이… 그것은 전율이었다.

구산선문의 초발심이 담긴 풍경

전율은 자연에서 느끼는 숭고미의 다른 표현이다. 이곳을 은근하게 일러준 책 『가보고 싶은 곳 머물고 싶은 곳』의 저자 김봉렬 교수의 건축적 지식을 정리해서 듣는 것은 한계사지를 이해하는 데 필수적이다. "건물은 지어지는 반대 순서로 허물어져 내린다. 나무로 이루어진 한국 건축의 폐허들은 기단과 초석 말고는 모두 사라져 버린다. 그것들은 터를 닦았던 건축 당시의 근본적인 생각들만을 전한다. 껍데기는 사라지고 오직 가장 근원적인 것들만 남는다."

그가 한계사지 폐허에서 본 것은 '모든 구속을 거부하면서 참다운 진리에 도달하려고 했던 구산선문(九山禪門)의 자유로운 조형 정신'이었다. 구산선문은 신라 말에 당나라에서 선을 공부하고 돌아온 승려들이 지방에 열었던 아홉 개의 선문(禪門)을 말한다.

김 교수는 한계사지가 구산선문 중 강릉 사굴산문의 일원으로 창건된 것으로 보고 있다. 한계사지에서 김 교수처럼 구산선문의 초발심을 읽어낼 능력은 없지만, 절터 앞으로 끌어들인 가리봉 산군의 빼어남에 전율할 줄 아는 내 몸을 고맙게 생각한다.

전혀 상상할 수 없었던 자리에서 저 풍경을 읽어내고, 이 자리에 절을 세우겠다고 다짐했을 스님의 희열과 초발심은 어떤 것이었을까. 그 스님처럼 두 발이 눈에 묻힌 줄도 모르고 '하나의 사건' 같은 풍경을 하염없이 바라보았다.

한계사지의 들머리는 설악산국립공원 장수대 관리사무소다. 사무소 옆을 지나면 갈림길이다. 직진하면 대승폭포, 왼쪽이 한계사지로 이어진다. 조금 가면 폐허가 된 설악산 동부관리소 건물이 보인다. 그 뒤에 한계사지가 있다. 장수대 도로에서 불과 200m 남짓한 거리다. 좀 더 걷고 싶은 사람은 대승폭포로 향한다. 88m 높이의 대승폭포는 금강산의 구룡폭포, 개성의 박연폭포와 더불어 우리나라 3대 폭포 중 하나로 꼽힌다. 장수대 분소에서 대승폭포까지는 1㎞, 1시간쯤 걸린다.

가는 길과 맛집
강원도 인제군 북면 한계리

교통
동서울종합터미널(1688-5979)에서 장수대 경유 속초행 버스가 1일 7회(06:30 08:30 09:20 10:00 11:30 14:00 18:05) 운행한다. 자가용은 새로 뚫린 경춘고속도로를 이용해 홍천~인제를 거치는 길이 가장 빠르다.

맛집
한계리 근처의 용대리는 황태와 순두부가 유명하다. 백담사 입구에 있는 할머니황태구이(옛 이름 할머니순두부, 033-462-3990)집은 30년간 산꾼들에게 뜨끈한 순두부와 황태요리를 선사했다.

백사실계곡의 이항복 별장터로 추정하는 연못터. 간밤에 내린 눈이 살짝 쌓인 계곡은 고요하고 적막하다.

도롱뇽, 맹꽁이 서식하는
도심 속 비밀정원

서울 북악산 백사실계곡

세검정 ▶ 현통사 ▶ 이항복 별장터 ▶ 부암동

북악산 북서쪽 창의문(자하문) 일대의 부암동
은 서울의 오지마을이다. 그동안 개발제한구
역으로 묶여 시골 같은 풍경과 깨끗한 자연을
오롯이 간직하고 있다. 이곳에 '도심 속 비밀
정원'으로 알려진 골짜기가 숨어 있는데, 그곳
이 백사실계곡이다. 최근에는 청정지역에 서
식하는 도롱뇽과 맹꽁이 등이 사는 것으로 알
려지면서 아이들의 '자연탐험교실'로도 각광
받고 있다. 본래 이름은 부암동 뒷골이고, 예
로부터 능금나무가 많아 능금나무골이라 불
렀다. 백사실계곡은 사계절 좋지만 특히 겨울
철에는 무주공산에 들어온 듯한 깊은 고요와
적막함을 만날 수 있다.

산행 도우미

▶ **걷는 거리** : 약 3㎞
▶ **걷는 시간** : 2시간
▶ **코   스** : 세검정~현통사~
　　　　　　이항복 별장터~부암동
▶ **난 이 도** : 쉬워요
▶ **좋을 때** : 여름, 겨울에 좋아요

세검정에서 골목길을 올라가면 만나는 현통사

인조반정을 위해 칼을 씻은 세검정

　　세검정(洗劍亭)은 부암동~신영동~홍지동~평창동 일대를 가리키는 지명으로 사용하지만, 본래는 정자 이름이다. 일찍이 연산군이 수각(水閣), 탕춘대(蕩春臺) 등과 함께 이 정자를 지어 흥청망청 놀았고, 이후에는 시인, 묵객 등이 즐겨 찾는 명소가 되었다. 1623년 인조반정의 거사 동지인 이귀, 김류 등이 광해군 폐위 문제를 의논하고 칼을 씻은 자리라고 해서 '세검정'이라는 이름이 붙었다.

세검정 앞의 세검교에서 우회전하면 길은 홍제천을 따라 이어진다. 세검정성당을 지나면 앞쪽으로 자하슈퍼가 보이고 그 뒤로 작은 야산이 눈에 들어온다. 그곳 산속에 백사실 계곡이 숨어 있다. 자하슈퍼를 지나면 거대한 부처바위(佛岩)가 눈에 들어온다. 오랫동안 땅속에 묻혀 있는 것을 주

부암동의 아기자기한 골목길

민들이 꺼내 세워둔 것이다. 부처바위 뒤로 이어진 골목길을 따라 100m 들어가면 얼어붙은 작은 폭포가 나온다. 백사실 계곡의 물이 이리로 흘러 온 것이다. 여기서 길이 끊긴 것 같지만 자세히 보면 계곡을 건너 골목길로 이어진다. 이리저리 꺾어지는 골목을 따라 오르면 불쑥 현통사라는 절이 나타난다.

현통사는 좁은 터에 건물들이 바투 붙어 있는 고요한 절집이다. 대웅전 처마 밑의 풍경소리가 맑게 울린다. 현통사 입구의 오른쪽 계곡을 따르면 본격적으로 부드러운 산길이 이어진다. 솔숲에서 맑고 청량한 공기가 몰려온다. 인적이 없는 이곳이 정말 서울 땅인지 의심스럽다. 이어 아름드리 고목들이 자리잡은 널찍한 터가 나오고 작은 돌다리를 건너면 정자 주춧돌과 연못터에 이른다. 이곳이 백사 이항복의 별장터로 추정하는 곳이다. 간밤에 내린 눈이 살짝 덮은 별장터는 고요하고 적막하기 그지없다. 마침 정적을 뚫고 걸어오는 할머니가 눈에 띄었다. 두 손에 검정비닐 봉지를 들고 배낭을 멨다.

백사실마을 할머니가 시장 가는 길

"시장 다녀오시나 봐요?" "네, 사진 찍으러 오
셨어요?"

할머니는 20년 넘게 이곳에 사셨다. 시장이
멀고 편의시설이 거의 없어 불편하지만 조용
하고 공기가 맑아 좋다고 하신다. "그럼 구
경 잘하세요." 할머니는 자상하게 인사를 하
더니 산속으로 총총히 사라졌다. 별장터에서
할머니처럼 계곡을 따라 오르면 백사실마을

연못터에서 부암동으로 나가는 길에 만나는
'백석동천' 글씨

이 나오고, 왼쪽 능선으로 올라서면 북악스
카이웨이로 이어진다. 부암동으로 가려면 오
른쪽 길을 잡아야 한다. 떡갈나무와 소나무가 우거진 길
을 따르면 '백석동천'이라 쓰인 커다란 바위를 만나게 된
다. 백석은 흰 돌이 많이 붙여진 것이고, 동천은 '신선이
노닐 정도로 아름다운 곳'을 일컫는다. 이곳을 지나면 말
쑥한 건물들과 포장도로가 나오면서 어리둥절하다. 산길
이 끝난 것이다. 잠시 신선이 사는 세상에서 현실로 돌
아온 기분이다.

지금부터는 골목길이다. 포장도로를 따르면 응선사를 지
나 작은 언덕을 넘는다. 언덕에서 내려다보면 북한산 비
봉능선이 장쾌하다. 이어 TV 드라마 촬영지인 산모퉁이
카페에서 알봉처럼 솟은 북악산이 잘 보이고, 내리막길
을 내려오면 창의문에 이른다. 부암동주민센터 뒤편에는
안평대군이 지었다는 무계정사(武溪精舍) 터가 있다. 안평
대군이 꿈속에서 무릉도원을 보고 그것을 본떠 지었다고
한다. 무계정사 바로 아래엔 『운수 좋은 날』로 잘 알려진
소설가 빙허 현진건 선생의 집터가 있다.

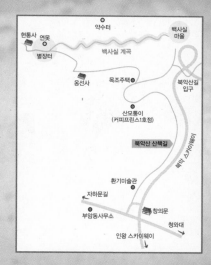

약수터

백사실
마을

현통사   연못

별장터   백사실 계곡

옹선사   목조주택

북악산길
입구

산모퉁이
(커피프린스1호점)

북악산 산책길

북악산 스카이웨이

환기미술관

자하문길   창의문

부암동사무소   청와대

인왕 스카이웨이

산길 친구

보통 백사실계곡은 부암동에서 찾아가는 것이 정석으로 알려졌지만, 세검정을 들머리로 하는 것이 볼거리도 많고, 걷기도 편하다. 세검정에서 시작해 현통사를 거쳐 백사실계곡에 이르고, 다시 부암동주민센터까지 걷는다.

가는 길과 맛집
서울특별시 종로구 부암동 115

교통
지하철 3호선 경복궁역 3번 출구로 나와 1711번, 1020번, 0212번 버스를 타고 세검정에서 내린다.

맛집
걷기가 끝나는 부암동 창의문 일대는 환기미술관이 있고, 맛집과 분위기 있는 카페가 넘쳐난다. 클럽 에스프레소(02-764-8719)는 커피 마니아뿐만 아니라 북악산을 찾는 등산객들도 즐겨 쉬어가는 곳이고, 자하손만두(02-310-5024)의 만둣국은 간장 이외의 조미료는 전혀 넣지 않아 맛이 담백하다.

덕유평전은 봄여름가을이면 야생화가 가득하고 겨울이면 환상적인 설경을 보여주는 덕유산의 보물이다.

눈꽃 얼음꽃 가득한
동화 속 세상

무주 덕유산 향적봉

무주리조트 ▶ 향적봉 ▶ 중봉 ▶ 구천동계곡

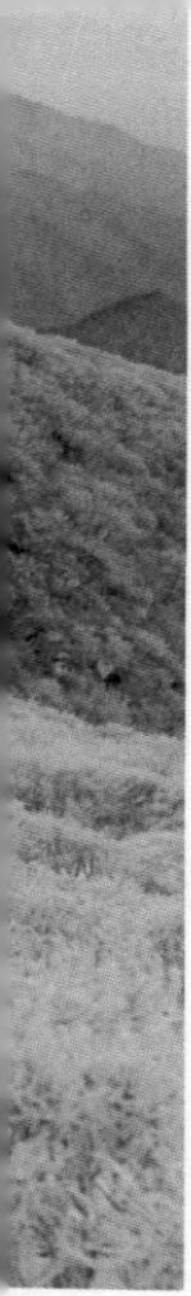

덕유산(德裕山)은 덕이 넉넉하다는 이름처럼 품이 넓은 산이다. 전북 무진장 고을의 무주와 장수, 경남의 첩첩 산마을인 거창과 함양에 걸쳐 있다. 평소 남녘의 지리산에 가려 사람들의 발걸음이 뜸하지만 겨울철에는 말이 달라진다. 지리적으로 금강의 본류와 가까운 데다 서해의 습한 대기가 이 산을 넘으면서 많은 눈을 퍼붓는다. 게다가 날이 추워지면 습한 대기가 산을 넘다가 그대로 얼어버려 나뭇가지마다 환상적인 상고대(얼음꽃)가 피어난다. 그래서 덕유산의 겨울은 눈꽃산행 인파로 늘 북적거린다.

산행 도우미

▶ **걷는 거리** : 약 10㎞
▶ **걷는 시간** : 4~5시간
▶ **코　　스** : 무주리조트~향적봉~
중봉~구천동계곡
▶ **난 이 도** : 조금 힘들어요
▶ **좋을 때** : 겨울에 좋아요

넉넉한 품을 지닌 덕유산의 매력

덕유산은 남한에서 4번째로 높은 1,614m 의 고도와 지리산보다 험한 산세 때문에 일반인들은 엄두를 내지 못했다. 그런데 무주리조트의 스키 곤돌라가 덕유산 최고봉인 향적봉 턱밑까지 파고들면서 산꾼은 물론 아이들도 쉽게 오를 수 있게 되었다. 그렇다고 곤돌라를 이용해 향적봉만 찍고 내려오는 것은 눈앞에 보물을 두고 돌아서는 것과 마찬가지다. 향적봉에서 부드럽게 이어진 중봉까지 갔다가 오수자굴을 거쳐 구천동계곡으로 내려오는 코스를 잡아보자. 이 길은 걷기에도 좋고 덕유산 최고의 보물인 덕유평전과 구천동계곡을 둘러볼 수 있는 환상적인 산길이다.

무주리조트에서 곤돌라를 타고 5분여 오르면 갑자기 설경이 펼쳐진다. 뽀드득 소리내며 걷는 눈길은 언제나 싱그럽다. 15분가량 오르면 설천봉(1,530m)이다. 여기서 향적봉까지는 쉬엄쉬엄 가도 20분이면 도착하는 거리다. 등산로 양옆으로 빽빽이 늘어선 나무들이 가지를 드리우고 연출하는 눈꽃터널 사이로 저 멀리 향적봉이 눈에 들어온다. 눈꽃터널을 벗

그윽한 겨울 능선

어나면서 강풍이 몰아치자 정신이 번쩍 든다. 향적봉은 사람들로 시끌벅적하다. 곤돌라를 타고 올라온 이나 구천동계곡에서 걸어온 산꾼들이나 얼굴에는 웃음꽃이 가득하다. 덕유산은 남한 산줄기들의 중심에 놓인 만큼 탁월한 조망을 보여준다. 남쪽의 지리산, 동쪽의 가야산, 서쪽의 대둔산 등의 고산준령이 일망

웅장한 육산의 설경을 보여주는 덕유산 주릉

무제로 펼쳐진다. 특히 거창의 첩첩 산줄기 뒤로 소
머리처럼 솟은 가야산에서 떠오르는 일출은 산악사
진가들 사이에서 소문난 명장면이다.

향적봉에서 지척인 대피소 건물로 내려가니 박봉진
산장지기가 반갑게 맞아준다. 그는 덕유산이 좋아
1997년부터 구천동에 들어와 살다가 2000년에 이
곳에 둥지를 틀었다. 덕유산에 조난자가 생기면 구
조대보다 항상 그가 먼저 달려간다고 한다. 산에서
살면서 산을 닮아가는 탓일까. 덕유산의 너른 품처
럼 마음씨가 넉넉하고 따뜻하다.

대피소에서 언 몸을 녹였으면 중봉(1,594m)으로 향한다. 이 길에는 '살아 천 년, 죽어 천 년'이라는 주목의 가지마다 새 생명처럼 싱그러운 눈꽃이 가득하다. 중봉은 덕유연봉이 기막히게 보이는 전망대다. 발아래 펼쳐진 평평한 땅이 덕유평전인데, 봄여름가을이면 야생화가 그득하고 겨울이면 눈꽃으로 은세계를 이루는 곳이다. 덕유평전에서 미끄러

져 삼각뿔처럼 치솟은 무룡산(1,492m)과 삿갓봉(1,264m)을 넘어 남덕유산(봉황산, 1,507m)으로 흘러가는 산세는 백두대간 능선 중에서 가장 역동적이다. 거기에다 무룡산 왼쪽 멀리 허공에 일필휘지로 피어난 지리산 능선에 입이 떡 벌어진다.

중봉 근처에서 만난 일출. 구름이 껴 더욱 신비스러운 분위기를 자아낸다.

하산은 중봉에서 오수자굴 방향을 잡는다. 내려오다 뒤돌아보면 주목으로 가득 찬 향적봉의 얼굴을 볼 수 있다. 오수자굴 안은 각양각색의 얼음 기둥 전시장이다. 굴 안 낙숫물이 얼어붙으면서 얼음 종유석들을 만들었기 때문이다. 오수자굴에서 백련사까지는 참으로 호젓한 길이 이어진다. 길섶에 푸른 산죽들이 눈을 맞은 모습은 태초의 시간처럼 고요하다.

백련사 입구에 도착하면서 구천동계곡과 합류한다. 이 길은 널찍이 비포장도로가 나 있어 걷기에 수월하다. 이어 금포탄, 사자담, 인월담 등의 명소를 지나게 된다. 겨울이라 계곡의 빼어난 맛은 없지만 눈과 어우러진 풍경은 심신을 포근하게 정화한다.

산길 친구

무주리조트를 들머리로 곤돌라를 이용해 설천봉까지 오르고, 항적봉~중봉~오수자굴~구천동계곡으로 내려오는 코스다. 항적봉대피소는 난방 장치가 잘 갖추어진 현대식 건물이다. 이곳에서 1박 하면서 가야산 방향에서 떠오르는 장엄한 해돋이를 구경하는 것도 더할 나위 없이 좋다. 항적봉 대피소 063-322-1614.

가는 길과 맛집
전라북도 무주군 설천면

교통
서울에서 무주리조트까지 직접 가는 버스는 대원고속(02-575-7720)이 사당, 양재, 잠실 등에서 오전 시간에 운행한다. 무주리조트(063-322-9000)의 곤돌라는 오전 9시~오후 4시까지 다닌다. 왕복 1만 1,000원. 편도 7,000원.

맛집
금강이 굽이쳐 도는 무주 지역에는 민물고기 요리가 유명하다. 동자개 등 민물 잡어로 죽을 쑨 어죽, 쏘가리매운탕 등을 맛볼 수 있다. 읍내 금강식당(063-322-0979)이 유명하다.

글 · 사진 **진우석**(여행전문작가)

진우석은 산에 올라 시나브로 밤을 맞고, 별을 헤아리고, 손깍지 베개를 하고 이 생각 저 생각하며 뒹굴뒹굴하는 걸 좋아한다.

학창시절 홀로 지리산을 종주하며 우리 국토에 눈 떴고, 등산 잡지에 근무하면서 전국 산천을 싸돌아다녔다. 문득 히말라야가 보고 싶어 직장을 그만뒀고, 안나푸르나 트레킹 중에 걷는 것이 가장 큰 행복임을 깨달았다.
일간지에 '진우석의 걷기 좋은 산길'을 매주 연재하고 잡지와 사보에 글과 사진을 기고한다.

지은 책으로 『파키스탄 카라코람 하이웨이 걷기 여행』 『제주도 올레길 & 언저리길 걷기 여행』(공저), 엮은 책으로 『안나푸르나의 꿈―한국 여성 최초로 에베레스트에 오른 지현옥의 등반일기』가 있다. 2008년에는 〈EBS 세계테마기행―파키스탄 편〉에 큐레이터로 참가했다.

블로그 blog.naver.com/mtswamp
메일 mtswamp@naver.com

사계절 주말마다 떠나는
걷기 좋은 산길 55

초판 1쇄 발행 2012년 4월 11일

지은이 진우석
지도일러스트 서울신문

펴낸이 최용범
펴낸숙 페이퍼로드
출판등록 제10-2427호(2002년 8월7일)

주 소 서울시 마포구 연남동 563-10 2층
전 화 02-326-0328, 6387-2341
팩 스 02-335-0334
이메일 book@paperroad.net
홈페이지 www.paperroad.net
커뮤니티 blog.naver.com/paperroad

ISBN 978-89-92920-65-0 13980